パンの
ペリカンの
はなし

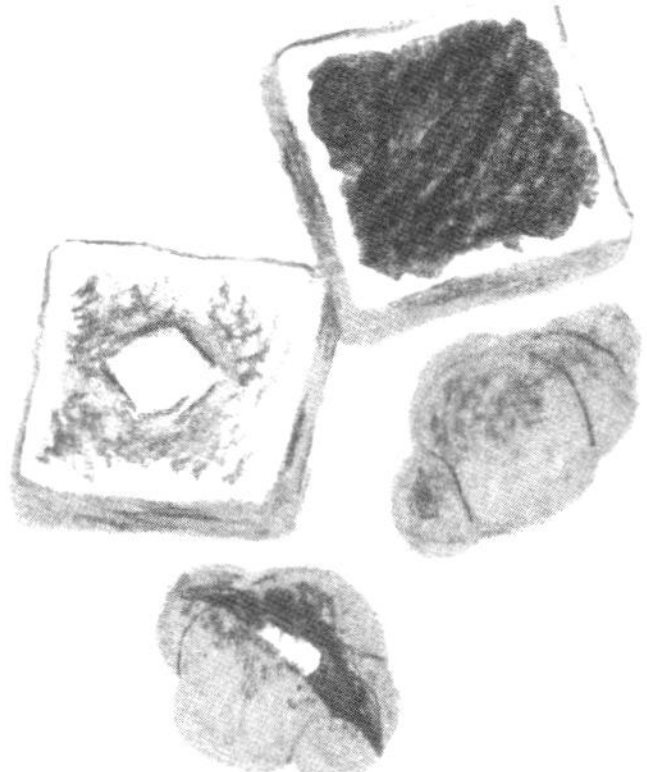

まえがき

どうもはじめまして、ペリカンというパン屋で4代目をやらせていただいている渡辺陸《りく》という者です。今年でようやく30歳になる若造ですが、このたび縁あって本を出させていただくことになりました。

僕自身は平凡な男なので、一冊の本にしたためるような日々を送っているわけではないのですが、今年で創業75年となるペリカンは凡庸な僕とは打って変わってちょっと変なパン屋さんです。

というのも、ペリカンにはあんパンやメロンパンなどといった菓子パンや総菜パンはいっさいありません。あるのは食パンとロールパンの2種類のみという、シンプルというよりは武骨なラインナップになっています。

創業年数で言えばもっと長く営業していらっしゃるパン屋さんは他にもありますが、このような品揃えで現在までやってきたのは日本広しといえども当店くらいだと思います。

この本にはそんなちょっと変なパン屋であるペリカンが、如何にして産まれて現在まで続いてきたか、その連綿とした歴史や世代を越えて受け継がれている想いなどが一冊にぎゅっとまとめられています。

……こう書けばちょっとは興味を持っていただけたでしょうか。

ちなみに平たく言ってしまうと、変なパン屋さんの来歴とそこで働いている若造の雑感がまとめられているわけです(平たすぎますね)。

実を言うと、お恥ずかしい話ですがこの本を作ることになるまで僕はペリカンの歴史というものをきちんと把握はしていませんでした。もちろん話には何度か聞いてはいたのですが、断片的な昔話が多く、体系的にまとまったお店の歴史というのは知らなかったのです。

しかも始まりと経緯をすべて知っている曾祖父(初代)と祖父(2代目)はもうすでに他界していて、手元にあるのは散逸してしまった過去の断片である写真や昔話ばかり。そこへ二見書房によって古雑誌や浅草の昔の地図も探し出され、繋ぎ合わされた断片を骨組みにして、御年84歳になる祖母の昔話で肉付けし、ようやく失われてしまったペリカンの歴史がここに復元されたわけです。この本を作ることで、改めてペリカンという店の重みや意義を僕自身が深く理解できました。

そこで思ったのは、ペリカンというお店は変わらずにそこにあり続けてきたということが最大の魅力になっているということです。

つまり今後とも「変わらない」ということをお客さまは求め続けるのだと思いますし、僕もそれにしっかりと応えていくつもりです。

しかし、一方で世の中に変わらないものなどない、というのも事実です。人は歳をとりますし、建物は老朽化していきます。昨日と今日の天気がまったく同じということがないように、変わらないものなどこの世にはありません。

僕達ペリカンがやらなければならないことは、そんな周囲の変化に逆らうことではなく、むしろ僕達が変化に上手く対応することで、お客さまに「変わらないもの」を提供していくことでしょう。

一年を通して変わらないパンを焼き続けるために、職人がその日の気温や湿度に合わせて調節するのと、それはまったく同じです。

「変わらないために変わる」

僕はこれをペリカンの理念とし、今後もお客さまのそばに長く在り続けられるようなパン屋でいられれば、これ以上に嬉しいことはありません。

先代達がせっかく残してくれたお店を僕の代で台無しにするわけにはいきません。

僕の仕事はお店とスタッフを守り、お客さまに喜んでもらうことです。しかし同時に、先代達が残してくれたこの素晴らしいペリカンというお店の魅力を、よりたくさんの方に知っていただくという役割も課せられています。

作っているパンが美味しいということは、真面目に商売をする上での大前提です。それをきちんと踏まえた上で、ペリカンというパン屋の歴史や理念に魅力を感じてもらえれば、僕も少しは先代達に胸を張れるようになるんじゃないかと、この本を作ったことで最近はそんなことを考えるようになりました。

今後とも、どうかパンのペリカンをよろしくお願いいたします。

4代目店主・渡辺陸

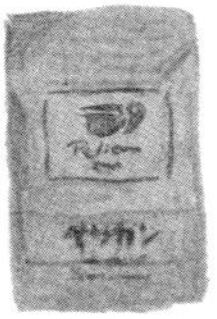
ペリカン

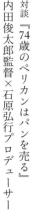

とうきょうスカイツリー駅
東京スカイツリー
押上駅
本所吾妻橋駅
珈琲園
本所税務署
たばこと塩の博物館
春日通り

隅田川湯という銭湯があった
大黒屋
フルーツパーラーゴトー
ペリカンの前身の
昭和軒があった
言問通り
凌雲閣記念碑
花やしき
馬道通り
ピーター
ウインズ浅草
浅草寺
ミクニハム
木馬亭
今半
オンリー
ホッピー通り
江戸通り
どぜう
飯田屋
ティータイム
シズカ
浅草演芸ホール
カリブ
浅草ROX
ヨシカミ
浅草
公会堂
ラ・プラーシュ
リスボン
仲見世
ラルース
松屋
アロマ
ハトヤ
オレンジ通り
国際通り
東本願寺
アンヂェラス
スロー
雷門通り
雷門
浅草駅
枡屋通り
墨田
区役所
フェブラリーカフェ
珈琲
マーチ
マノス
浅草
郵便局
田原
小学校
吾妻橋
アサヒビール
タワー
並木
藪そば
田原町駅
ボナフェスタ
パンのペリカン
世界の
カバン
博物館
Pelican
駒形橋
宗吾殿
梅林堂
駒形どぜう
バンダイ
隅田川
とんかつ
すぎ田
蔵前駅
厩橋

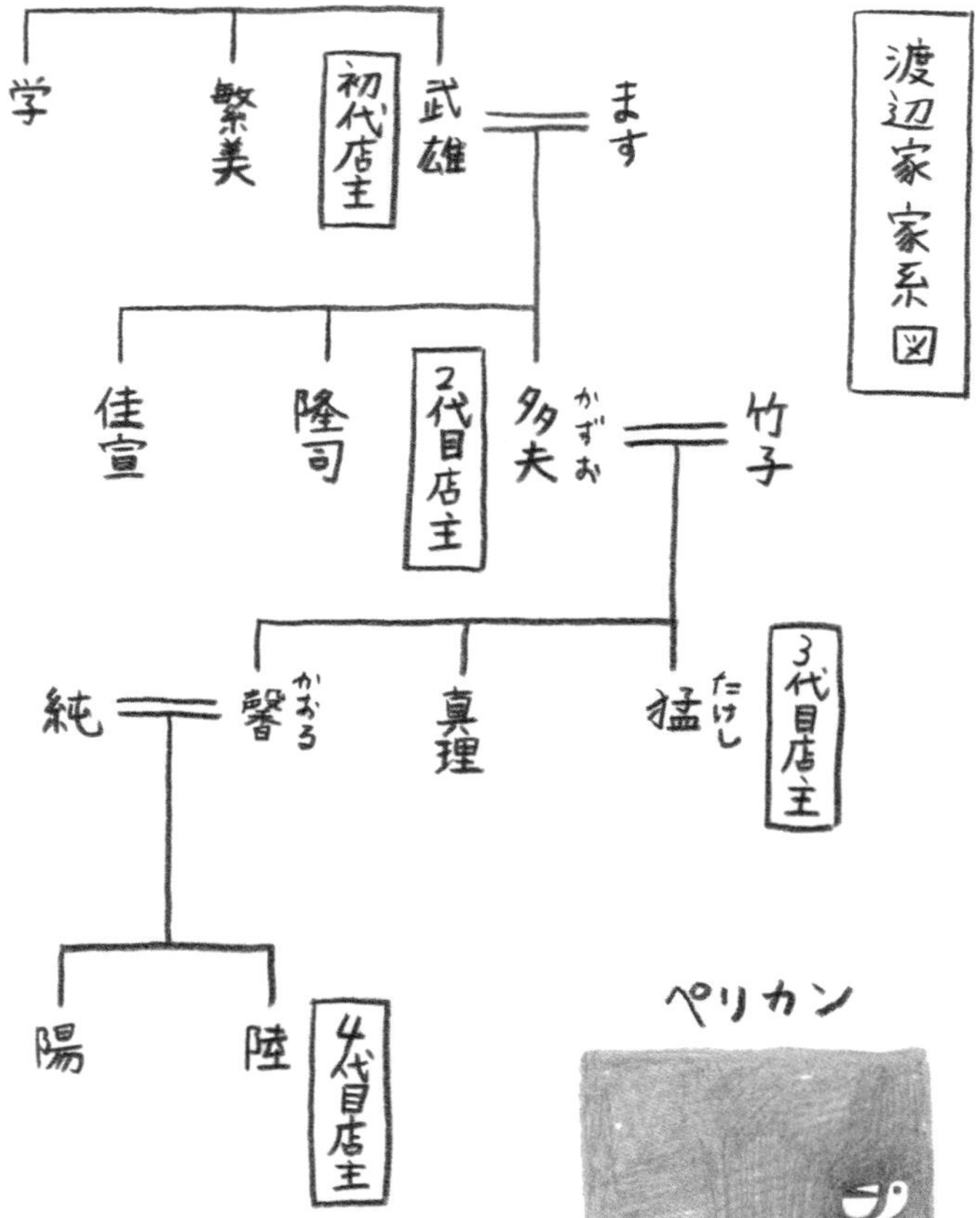
渡辺家 家系図
学
繁美
武雄
初代店主
ます
佳宣
隆司
多夫《かずお》
2代目店主
竹子
純
馨《かおる》
真理
猛《たけし》
3代目店主
陽
陸
4代目店主

ペリカン
スタッフのみなさん
名木さん 伊東さん
山崎さん

明治44（1911）年刊行の『東京風景』に掲載された築地の精養軒。設計者は原爆ドームや神戸のオリエンタルホテルでも有名なヤン・レツルである。ペリカン初代店主の武雄さんは大正末期に精養軒のベーカリーに就職した

Pelican

SINCE 1942

BRAND

ペリカンのロゴのデザインは、２代目のつてで、東京藝術大学に通っていた学生さんにお願いしたとのこと。その学生さんは卒業後、老舗のお菓子メーカーにデザイナーとして就職したらしい。

Pelican
BRAND

鈴木るみこ編『スマイルフード』（マガジンハウス刊）に
掲載された2000年のペリカン。当時の店主は2代目の多夫さん。
使い込まれたパン棚、オレンジ色の照明、ロゴ入りのガラス戸は
現在新しいものに変わった。
鈴木るみこさんのエッセイをp164に掲載

毎朝パンを買いに行きたい店:

ペリカン

食パン、ロールパン、ホットドッグパンだけを焼いている。昼過ぎまで客が絶えないが、店頭で迷う人はほとんどいない。みな自分の「いつものペリカン」があるようだ。働くスタッフは年齢構成もばらばら。家族ですかと尋ねると、主人はいきなり「小説の『イーノック・アーデン』を知ってるかい？」と言う。首をふると「まあ、寄り合い所帯みたいなもんでね」。どうやらみなしごが同じ場所に身をよせて暮らす話らしい。配達のバイトは芸術家、その前は元ボクサーだった。店名の由来はと尋ねると、「小学校時代のぼくのニックネーム。いや、今はだいぶんひっこんだけどね、下唇が出てたから」。愛すべきペリカン。

東京都台東区寿4-7-4。03-3841-4686。8時～18時。日祝休。

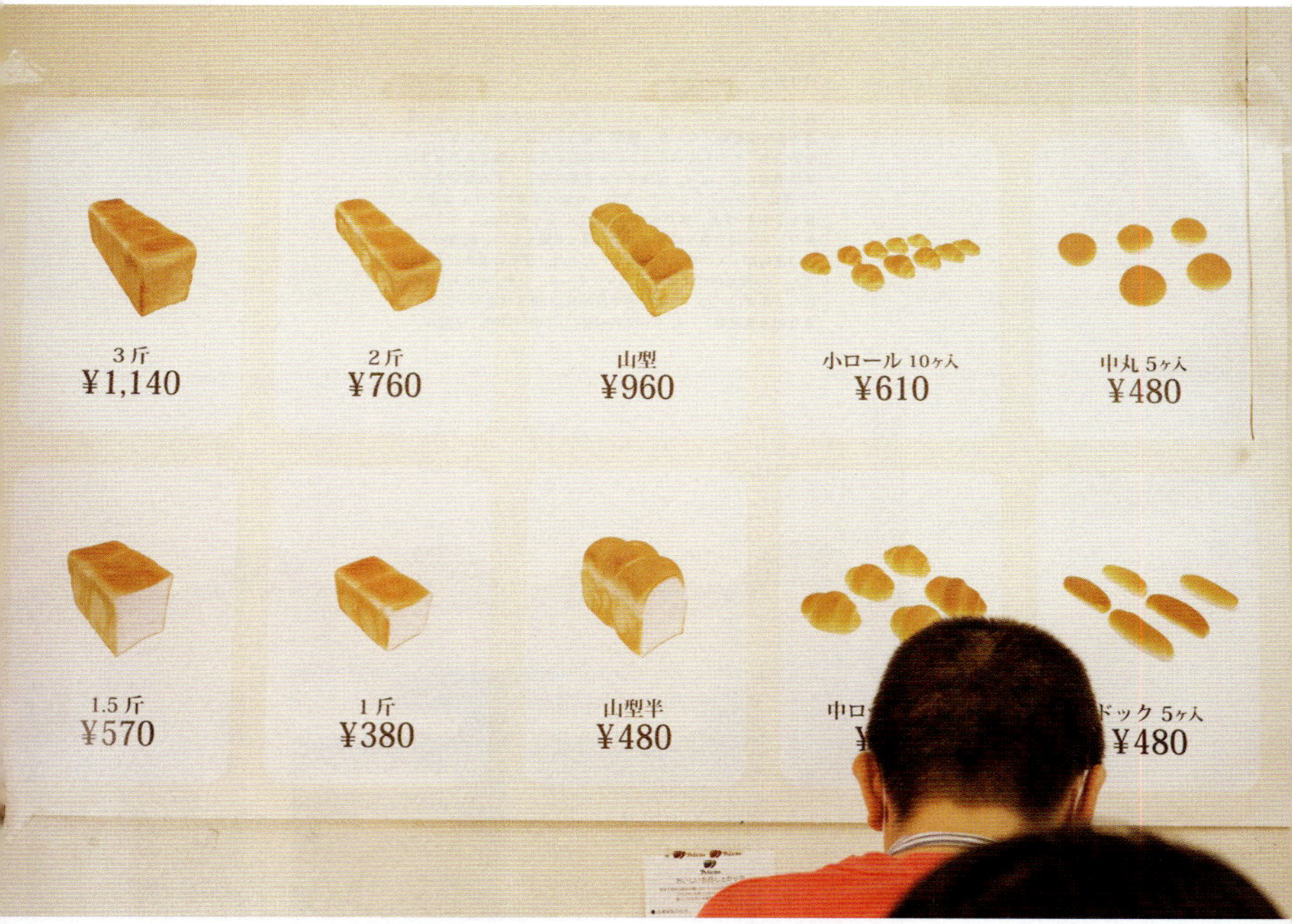
3斤
¥1,140
2斤
¥760
山型
¥960
小ロール 10ヶ入
¥610
中丸 5ヶ入
¥480
1.5斤
¥570
1斤
¥380
山型半
¥480
中ロ
ドック 5ヶ入
¥480

Pelican

Pelican
SINCE 1942
BRAND

写真：新津保建秀（p17–p30）

ペリカンの配達車。喫茶店やホテル、レストランへの
卸しが中心だった時代で、配達用の車が3台もあった。
撮影は昭和43（1968）年頃

ペリカンを建て直したときの地鎮祭の様子。
周囲の建物も今とは大きく異なる。
撮影は昭和43（1968）年頃

松戸にあったペリカンのケーキ屋さん。
一番右が「ペリカン」の由来となった2代目の多夫さん。左から2人目が2代目の妻・竹子さん。
竹子さんが肩に手をかけているのが次女の馨さん。
撮影は昭和43（1968）年頃

第1章

不思議なパン屋

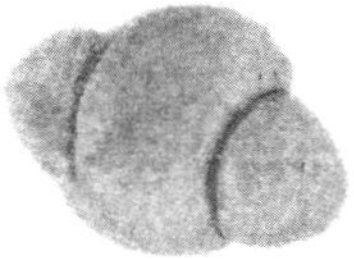

商品はたった2つ、食パンとロールパンだけ

商品が2種類だけなんてありえない。普通はそうですよね。

パン屋さん同士で話していても、単品商売は厳しいという話になります。

今は特に、どんどんパンの種類が増えて、一般的なパン屋さんのアイテム数は100は下りません。2~300種類はあったりします。

最近のパン屋さんは単に食料を買いに行く場所ではなく、そこへ行くこと自体がイベントになってきています。郊外は特にそれが顕著で、パン屋さんが地域の社交場になっているのです。

千葉県のピーターパンさん（※）も、家族で行って、パンを選んで、それを食べてコーヒーを飲んで、ご近所さんに挨拶をして、子どもが遊ぶスペースもあったりする。

お店で楽しく過ごすための工夫がなされています。単に「食べて美味しいね」ってだけじゃなく、「パンを買いに行くこと」の楽しさが求められているわけです。

だから洋菓子店や和菓子店と同じように、パン屋さんも季節の商品や、地元で売れているものを取り入れたりしてアイテム数を増やしています。

その土地の名産品がちくわならばちくわパンを作ったり、コンビニ菓子のブラックサンダーを使ったパンを考案したり、いろいろな趣向を凝らしたパンを考えて地元のお客さまに喜んでもらうのが普通のパン屋さんです。

ペリカンはなぜかその真逆をやってしまったので、新商品の開発力はいっさいありません。あともう1種類だけ増やそうか、なんて話も出ません。逆にペリカンはどんどん種類を減らしてきました。戦後すぐの頃は惣菜パンも作っていたし、食パンとロールパンしか作らなくなってからも、もう少し成形にバリエーションがあったらしいのですが、結局、現在の「商品はたった2つ」というスタイルになっています。

（※）年商18億円の千葉県のパン屋さん。一日にメロンパンを9749個売った記録でギネスブックにも載った。

競争はしたくない

昭和25（1950）年頃、喫茶店がいっきに増えたので、そのぶんパン屋も増えたと聞いています。惣菜パンや菓子パンを作る同じような近所のパン屋さんと競争したくないという理由で、2代目の多夫《かずお》が商品を食パンとロールパンの2種類だけに絞り、小売をやめて卸し中心に転換したのが今の店の始まりです。

2代目は本当に優しい人で、人と争うのが嫌いな人でした。いつもニコニコしていて、理不尽に怒ったり、イライラしたりがまったくなかったです。僕は初孫だったというのもあって、とてもかわいがってもらいました。

そのころ、近所にたくさんパン屋ができてきた。食べ物さえ作ってれば食いっぱぐれのない時代でしたから。このままだと、お客をとったとられたで嫌な思いをするなあと考え、喫茶店、レストラン、ホテルだけに卸す、高級なハレのパン専門にして、成功したんです。その後、国民の生活レベルも上がり、パン食も普及したので、小売り中心に変更しました。そして、パンの種類も職人さんが深く技術を追求できるよう、絞りました（『婦人公論』2000年12月22日・2001年1月7日合併号　渡辺多夫「哲学とひらめきのパン」）

人間は普通に〝こんにちは・さようなら〟が言える仲なのに、同業者で競合することによって、気持ちの食い違いが生じてしまったり……。そういうことが、なんか嫌だったんですよ。そのかわり、この2つでは誰にも負けないものを作ろうと心に決めました（パンのペリカンHPより　渡辺多夫の言葉）

「ペリカン」の由来となった
2代目店主・渡辺多夫さん

ロールパン４０００個、食パン４００本を毎日売る

今はロールパンが一日約４０００個、食パンが約４００本売れています（※）。売れなくて苦しかった時代もありました。その頃は今の半分以下の数しか作っていませんでした。

昔は従業員も少なかったので、忙しいときは一日中働きづめですごくきつかったと聞いています。従業員も今が一番多いですね。

僕が子供の頃は３人のパン職人さんと補助の数人、人手が足りないときは2代目も入って３〜５人で作っていました。そもそも小売をメインではやっていなかったので売る人はおばちゃん2〜３人で十分足りるし、それに加えて配達の人が2〜３人いて、だいたい10人くらいで全部やっていたようですね。

今は作る人と売る人、あわせて25人くらいです。

お店の規模はパン屋さんによってそれぞれです。ペリカンよりももっと大きい、それこそ日商100万円以上のパン屋さんなどは、従業員が50人くらいいたりするらしいですよ。

（※）ロールパンを毎日4000個も売る店は他にない。ペリカンは日本一ロールパンをたくさん売る店と言えるだろう。食パンも行列ができる人気店に並ぶ売れ行きだ。例えば大阪市西区の「成り松」は近くの2号店と合わせて毎日300本（1本1・5斤）を完売（「食パン専門店が人気、ブームのきっかけは　1斤400円」朝日新聞2017年3月25日）、全国展開する食パン専門店「乃が美」（大阪市）が2017年2月に出店した神戸市中央区と垂水区の2店舗は合計1200斤を完売（「食パン人気ノンストップ　神戸などに行列店続々」神戸新聞2017年5月2日）、東京・恵比寿「俺のBakery&Cafe」は3種類の食パンを毎日1000本完売している（「食パン、「質」重視で値上がり　専門店も人気」日本経済新聞2017年5月25日）。

一日に作るパンの数

一日に作る個数は季節ごとに違います。夏のペリカンはけっこう厳しいんです。暑いときに焼き立てパンを食べたい人はあまりいませんから。気を付けないと余ることもあります。そもそも暑いときってできれば外に出たくないですよね。寒い日はそこまでもないですが、嵐、雨、雪の日は同じ理由でお客さんが減ります。

よく売れるのは春と年末ですね。

業界全体としては春と秋はパンが売れるんです。外にも出やすいし、パンを食べるにはちょうどいい季節なのでしょう。

春と言えばヤマザキの「パン祭り」が有名ですが、パスコもフジパンも第一パンも、春には必ずキャンペーンを開催します(※)。春はパン業界の稼ぎ時です。

パンは基本的にあまり触れ幅がなく年間を通して売れますが、近い業界のケーキ屋さんなどはその逆でものすごく波があって、意外にクリスマスより春のほうが忙しいと聞いています。進学や就職など、春はイベントがすごく多いからです。

ではペリカンはなぜ年末が忙しいかというと、これは浅草にあるからかもしれません。里帰りのお土産で買っていく人がいっぱいいますし、外から家族や親戚が浅草に帰ってくるからみんなでパンを食べるためにたくさん買い溜めるという人もいらっしゃいます。

（※）「白いお皿プレゼント」でおなじみヤマザキ春のパン祭りは1981年から毎年行われている。秋にもディズニーのチケットやお菓子が当たるキャンペーンを開催。他のパンメーカーも春のキャンペーンを行っており、フジパンは人気家電やミッフィーグッズプレゼント、第一パンは人気アニメのグッズプレゼント、パスコは人気家電や食器プレゼントが人気を呼んでいる。

売り切れたら閉店「食べる物を捨てるのはよくない」

毎日売れるだけ作りますが、残らないようにはしています。商売としては、少し余るくらい作るべきなんです。機会損失が一番よくないので、常にお店に商品がないとダメという考え方が普通です。

一般的には、全体の売上に対して原価1割くらいを余らせるのがちょうどいいとされています。

でもペリカンは、2代目の「食べ物を捨てるのはよくない」という考えにのっとって、その日に作ったものはその日のうちになるべく全部売って、余らせるくらいだったら作らないというふうにしています。

毎日作っているとお客さまの入り方で、今日はこれくらい売れる、これ以上やると作りすぎだなとなんとなくわかるようになってきます。たまに外すときもありますけど（笑）、外れてもパン粉にしたりしてできる限り捨てないようにはしています。

2代目はパン職人というよりは、どちらかというと経営者だったのですが、「利益利益、お金お金」だけではない人でした。

1995年にテレビ番組『出没！　アド街ック天国』（※）で紹介されて、そこからちゃんと売れるようになってきたんですが、お客さまが来てくださるようになっても、「もっと余らせるくらい作ろう」とはなりませんでした。その方針に異論が特になかったのは、スタッフみんなが2代目の強い責任感をわかっていて、深い信頼関係があったので、2代目がそう言うならついていこうという気持ちだったのだと思います。

（※）テレビ東京の番組。ペリカンは1999年5月27日放送の「浅草六区」特集で紹介された。現在も続く人気番組がまだ始まって1ヵ月の頃であった。

売れないパン屋さんの話

本当に腕がよく、作るパンはとても美味しいのですが、全然売れないパン屋さんの話を聞いたことがあります。

店を開いたはいいけど借金だけがあって、全然パンが売れない日が続いたそうです。「ひとりにしたらこの人は死ぬんじゃないか」と奥さんが心配してひとりにさせてくれなかったくらい深刻だったんですが、コンサルタントのアドバイスを参考にして売り方を変えたら売れるようになったそうです。では何を変えたのかというと、パンの作り方ではなく、陳列やアピールの方法を大幅に変えたらしいのです。

真面目にやるのは大前提としても、真面目さは100％報われるわけではありません。運だってありますし、むしろ報われないことのほうが多いと思います。先述した売れないパン屋さんが立派だなと思うのは、アドバイスを受け入れてちょっとした工夫で売れるようになるまで、腐らずにひたむきにやってきたというところです。

ペリカンが長く続いた理由も、2代目が辛いときも腐らなかったからだと思っています。2代目はただただ黙って頑張った。もちろん作っている人も売っている人もです。

今、ペリカンの味を支えているパン職人の名木さんは63歳ですが、一度リストラで切られかけています。まだ若い頃、ここでペリカンを辞めても働き口はいっぱいあるから他のところへ行ってくれと言われたらしいです。でも上司が「彼は今、とても頑張っているから長い目で見てやってくれませんか」と言ってくれて留まれたそうです。

そんな苦しい時期があってもパンや店のスタイルは変えずに耐えたわけです。普通だったら新商品を開発したり、流行っているものに手を出したりしますよね。

腐らずにずっと続けてきたというのは今のペリカンを見ても大事なことです。2代目はそれだけ自分の店の商品に自信とプライドを持っていたのでしょう。

僕も後から振り返ったときに「4代目はよくやったね」と言ってもらえたらいいですね。まだこれから先どうなるかわからないですけれど。

美味しいものを作っても売れなかったらゴミになる

長く続かない店とはどんな店なのか。自分なりに感じているのはお客さまのことを見ていないお店は長く続かないんじゃないかということです。

起業して独立する方は自分のやりたいことや人に伝えたいことがあるから、店を始めるという人がほとんどだと思います。それは素晴らしいことで情熱は必須ではあるんですが、自分の気持ちだけで走り続けるのはなかなか難しいものです。

どこかでお客さまが何を求めているか、どうすれば商品の良さが伝わるかを考えていないと商売というのは続かないように感じています。

いいものがあってもお客さんに届かないと意味がない。名木さんも言っていましたが、美味しいものを作ってもお客さまに売れなかったらゴミになってしまいますから。

ずっと昔なんですけど、フレッシュバターが高くなりすぎて使い続けられなくなって、マーガリンにしようかと考えた時期がありました。でもね、ここでマーガリンを使っちゃったら、ペリカンの質が落ちる、とすごく主人が悩んだんです。結局、絶対にそれはやりませんでした。一度落としたら、ずるずる落ちたままになってしまうのがわかっているから。質に対しては、すごくこだわりがありましたね。お客さまというのはすごく敏感だから、一度評判を落としたら絶対に元には戻らないと常々言っていました。お客さまの舌というのはすごいんだぞって。

ペリカンのパンは子どもの頃からみなさん召し上がってくださっているから、変化があるとすぐわかるんです。子どもの舌っていうのはバカにならない、子供の舌だけはだませないんだぞ、ということもよく主人が言っていました。

（2代目の妻・竹子さん）

商品と地域のイメージが噛み合ってない店は続かない

華やかなパン屋さんを開店しようと思ったら、青山や世田谷の方がいいでしょう（※）。作る商品と地域のイメージがちゃんと噛み合ってない店はうまくいかないように思います。

例えばペリカンが青山で開業してもたぶんうまくいかないでしょう。逆に青山のパン屋さんが浅草に来てもうまくいかないはずです。

浅草の人間はオシャレでカッコよすぎるものが少し苦手な傾向があるんじゃないかと感じています。あまりにかっこよすぎても困ってしまう（笑）。ですからペリカンはかっこつけすぎないように気をつけています。だらしないのはよくないんですが、あまりかっこつけてもしょうがない。

（※）２０１７年７月31日、青山のおしゃれなパン屋さんの先駆けだった「青山アンデルセン」が東京オリンピックに向けた表参道駅の改修に伴い閉店した。昭和45（１９７０）年「青山通りにコペンハーゲンの街角をもってきました」をキャッチフレーズにオープンし、27層のパイ生地にカスタードクリームを詰めてダークチェリーを飾ったデンマークの菓子パン「デニッシュ」を一躍広めた店だった。青山アンデルセンと人気を競ったドンクは昭和41（１９６６）年に青山へ進出し、フランスパンブームを巻き起こしたが２０１２年青山から撤退。ちなみに２０１４年の経済産業省の商業統計、「区市郡別、商品（小売）別の事業所数及び年間商品販売額」の「パン（製造小売）小売」の数字を見ると、世田谷区が群を抜いて焼き立てパンが買えるパン屋さんが多いことがわかる。表参道駅周辺の渋谷区と港区は事業所数が飛び抜けて多いわけではないが他区に比べて年間販売額が大きい。

区市郡別、商品（小売）別の事業所数
及び年間商品販売額（2014年）

パン（製造小売）小売

	事業所数	年間商品販売額（百万円）
世田谷区	94	5,046
大田区	88	3,831
八王子市	79	3,790
杉並区	76	2,365
練馬区	74	2,260
江戸川区	64	2,317
足立区	63	2,076
豊島区	56	2,805
板橋区	54	1,749
渋谷区	52	2,958
葛飾区	48	2,317
品川区	47	1,477
北区	45	1,235
新宿区	42	3,701
台東区	40	2,503
町田区	40	1,404
港区	32	2,743
武蔵野市	32	1,966

ふらりと来て買ってもらいたい

絶対に支店を出さないぞってわけではないんです。

無理してでもという上昇志向はないですが、求められているんだったら、もう少し大きくしないとお客さまに悪いな、とは思っています。

今はお客さまに対して「売り切れごめん状態」です。営業時間内に商品が売り切れることが度々あります。商売としてはそれくらいのほうがいいのでしょうが、ペリカンは基本的に「町のパン屋」なので、本当はふらりと来て買えるくらいの感覚がいいと思っています。

行列もなるべく作らないように、手早く接客して回転をよくするように工夫しています。僕自身、行列が嫌いなので、お客さまを並ばせてご迷惑をおかけしたくない。

中には、並ぶのが好きなお客さまもいらっしゃいますし、それが注目を集めることになったりすることはわかっているのですが、行列はペリカンにふさわしくないと考えています。

ペリカンのパンを使いたいので卸してほしいというお話もよくいただくのですが、今のところ「近所のお客さまにパンを渡すのが第一ですので……」とお断りしているんです。

心苦しいですし、せっかくお声をかけていただいたのに答えられないのは申し訳ないので、もうちょっと量を作れるようになればと思っています。

ただ全国展開とかそういったことはまったく考えてはいません。そういう商売はたぶんうちはできないでしょう。ペリカンはせいぜい浅草で有名なパン屋。ちょっとした東京土産になれたらとは思っています。

デパートはたまに出店のお話をいただくんです。スポットでもいいから出店しませんか？　と。でもペリカンはデパートに出すような店ではないです。デパートに店を出すにしては包装が雑すぎますし毛色が違う。ペリカンのイメージにそぐわないというのもありますし、そもそもうちにそんな体力がないというのもあって、本当に申し訳ないのですが、お断りしています。

「モチモチ感」の元祖

「ごはんみたいなパン」というのを提唱したのは2代目です。

パンは、膨らむときに生地が引っ張り合う力が味に影響します。効率主義で棒状の生地を二つ折りにするだけで型に入れる店がありますが、うちは小の型に4個、大に6個、丸めて並べてます。しかも、縦に入れるか横に入れるか、並べ方で味が全然違う。みんな、なんでこんな簡単なことをテストしないんだろうって思います。「モチモチ感」って言葉も、今はみんなが使ってるけど、私が最初に言いだしたの。私なんかの頭で考えたことが予想どおりになると嬉しくって、夜寝らんないですよ。（『婦人公論』2000年12月22日・2001年1月7日合併号　渡辺多夫「哲学とひらめきのパン」）

「モチモチ感」を先取りしていたというより、たぶんこちらが周回遅れで走っていたら時代が一周して足並みが揃ったという感じだと思います（笑）。

昔とは基本的な味は変わりませんが、2代目は当時の食生活に合わせて、塩や砂糖の加減を変えたりしていたみたいです。今はそういうことは全然やりませんが、昔の人は現代よりも食生活がめまぐるしく変わっているので、味覚も当然変わっていきます。だから時代によって調節はしていたようです。

変わらないために、変えていたわけです。

「モチモチ感」という言葉を2代目が最初に言い出した、というのはそうかもしれないね。言葉の表現が上手な人でしたから。「もち肌」「もちもち」「もっちり」という言葉はありますから、パンに「モチモチ」という言葉を使ったのが初めてということかもしれません。「お米のように毎日食べ続けられるパン」というのはよく言ってましたよ。（2代目の妻・竹子さん）

ペリカンみたいなパン屋を開業したいと相談されたら

もし、ペリカンみたいなパン屋を開業したいと相談されたら、とりあえず僕は止めますね（笑）。基本的にはうまくいかないと思うので。

うちが今ここにあるのは運と先代達の頑張りがあったからで、やはり単品商売は厳しいです。

もし僕がゼロからペリカンを始めると想像してみると、うまくいく要素が見当たらない。せいぜい続いて2〜3年。5年、10年続くかと言われたら、単品勝負はやっぱりきついです。

そこを耐え抜いたら将来的には売れるかもしれない。単品商売は、効率はいいんです。在庫の管理もしやすいし、ロスも出ない。

ペリカンの2代目の苦しかった時期には、「使ってくれませんか?」「置いてくれませんか?」と自分からとにかくいろんな店に営業していたそうです。あの人当たりの良さは、たぶんそれで磨いたのでしょう。本当に人と仲良くなるのが上手でした。いつも人と談笑していましたから。

今でもたまにおじいちゃんを訪ねてペリカンに来る人がいますよ。「社長は元気?」って。

経営が大変なときってあるじゃないですか。今もペリカンのパンを置いてくださってお付き合いが続いているお肉屋さん、果物屋さん、酒屋さん、喫茶店なんかは、大変だったときに少しでも置いてもらえるように主人が売り込みに行ったお店なんですよ。(2代目の妻・竹子さん)

パンの値段①

食べ物の値段はどんどん上がっています。だからパンの値段もいつまでも同じというわけにはいかないです。消費税も上がるみたいですし。

標準的なのは、「原価が3割、人件費など経費が6割、利益が1割くらい」。最低でもそれくらいでないときついと言われていますが、うちもそんな感じです。原価は3割以内には抑えています。

とはいえ町のパン屋さんというのは薄利多売で値段を安くしすぎて逆に安っぽいイメージがついてしまうとダメなんです。

パン屋さんも基本的には値上げ基調で、お客さんに価値を感じてもらって、ちゃんとお金をいただくようにしようという方向へ業界全体が向かっています。

値段で勝負をしたらコンビニに必ず負けますから。

町のパン屋さんで「安かろう、悪かろう」となったらもうダメで、その店はまずうまくいかなくなってしまうでしょう。それなりのお金はいただくけど、その価値がちゃんと感じられるものを提供できないと、町のパン屋さんは成立しない時代です。それがあるので頑張って安売りしようという方向には、行かないようにしています。

町のパン屋さんに来る人達は美味しいものを食べたい人達、舌の肥えている人達です。それに見合ったパンだったら、ちゃんとお金を出してくれるんです。

最近ですと2008年にペリカンは値上げしていますが、町のパン屋が値上げするときは、ヤマザキパンも値上げしているときです。

日本のパンの消費量の約7割がヤマザキパンで、いわば日本のパン業界のボスなんです。ボスが値上げしてくれると、町のパン屋さんも値上げをします。

ヤマザキパンが値上げしてくれると新聞に出ますから、パンの値上げが世の中に周知されるわけです。

足並みが揃わないと値上げはうまくいきません。値上げしても売り上げが下がったら意味がないですから。なるべくそのダメージを緩和させようとなると、まずは業界のボスが上げてくれないと辛いわけです。

パンの値段②

パンの材料が高騰するときがあります。バターがないときもありましたからね。そのときは駆けずり回りました。

バターや小麦粉の値段はこれからどんどん上がっていくでしょう。下がることはないと思います。世界の人口は増えているので、世界的に見れば食料の需要は高まっているんです。でも日本の人口は減っていて、そのぶん財布の数が減る。日本はこれから貧乏になっていくはずです。だから日本では給料は下がるけど、食べ物の値段は高くなっていくのではないでしょうか。

これからはパンの値段も上がっていくでしょう。業界的にもパンの値段を上げたいという流れにあります。パン屋さんは労働の厳しさのわりに給料が安い。すべての店がそうというわけでもないですが長時間労働が常態化しがちな業界です。パン屋に限らず飲食業の職人さんはどこもある程度そういう感じではありますが……。

特にパンは発酵の時間が必要なので、どうしても製造に時間がかかります。ひとつのアイテムを作るために少なくとも3時間、長いと半日かかります。だから労働時間が長くならざるをえないです。パン屋さん仲間でも、どうやって労働時間を短くできるかという話をよくしています。

今、工場のスタッフは朝番と昼番の2部制ですが、もうちょっと作ろうと思ったら、夜番が必要になります。機械だって休ませなきゃいけないし、そんなに回転したら、やっぱりどこかで亀裂が起きるのではないでしょうか。一日の量はある程度決めておいたほうがいいと思うんです。

年の暮れだけだったら、もう1回くらいは頑張って焼こうかということもあるけれど、それがずっと続くと人間関係がギスギスします。それぞれが無理のないようにしていかないとよくないんじゃないかなと思っています。（2代目の妻・竹子さん）

常識をくつがえす、すさまじい差別化

ペリカンは無駄をそぎ落としたことで、商売を成り立たせてきたところがありますので、逆に無駄なこだわりみたいなものはあまりないです。

けっこう苦しい時期もあったので、そんな余裕はなかったというのもあったと思います。しかし実際、単品商売だと無駄をそぎ落とすことができるんです。

買い支えてくれているお客さまがいるので、普通のパン屋さんは「商売を考えるとこのパンはなくしてしまったほうが、製造工程もスムーズにいくし、在庫管理も楽になるからやめたいんだけど、やめられない」というのがあったりすると聞いたことがあります。単品商売だとそういう無駄がないところが強みだったり弱みでもあったりするわけです。

牛丼屋さんも牛丼単品に絞ると、けっこう苦戦しますからね。牛丼だけ食べ比べれば明らかに他より美味しいお店であっても、カレーやウナギも出せる店に負けてしまうんです。

メニューを増やしすぎてもよくないですが、少ないというのは基本的にはハンデにしかならない。僕が言うのも変な話ですが（笑）。

単品商売は時代の変化に対応できないんです。

しかし、ペリカンは本当に幸運なことに単品のスタイルが評価されています。それは僕もわかっていますし、他のお店と比べたらすさまじい差別化です。せっかくこれで勝負できるんだったら、行けるところまでこの状態で行こうと思っています。

本当になるべくこのままで行きたい。僕もそこは変えたくありません。

日本全国、１００年以上続くパン屋さんはあって、もちろんそれはすごいことなんですが、ペリカンはそういう感じともちょっと違います。なかなか他にはない、かなり珍しい、かなり異常な店なので、このまま残せればなあと思っています。

ペリカンのパン粉①

すぎ田さん（※）は現在もペリカンのパン粉を使っていただいています。すぎ田さんのとんかつは値段がちょっとだけ高いのですが、ものすごく美味しいです。僕達も値段に見合ったものを提供しなければと思っています。僕はすぎ田さんのお店の雰囲気が好きなんです。揚げ物屋さんで油をたくさん使っているのに、すごくきれいなんです。毎日2時間以上掃除していると聞いたことがあります。

「これは近所の『ペリカン』というパン屋さんで特別に作ってもらっているんです。ペリカンでは食パンとロールパンしか出していないんですが、『こんな美味いパンを作っているところのパン粉なら、揚げてもきっと美味いに違いない』と親父が目をつけたそうです。それが大当たりだったんです。そこで親父の時代から特製パン粉をうちに卸してもらっているんです。」
「入院する前に珍しく、『おれの揚げたとんかつを食べてみな』と言われたことがあって。ちょっとあらたまった気持ちで親父のとんかつを食べたことがありましたね。オランダから輸入されたリフェネットというラード100％で揚げたとんかつは『ペリカン』のパン粉がよく合っていて最高の味でした。あのとき味わったとんかつを思い出しながら、毎日揚げているんです。」
（資生堂『Treatment & Grooming At Shimaji Salon』「シェフ・バーテンダー×シマジ編Part5　第1回　浅草　特選とんかつすぎ田　佐藤光朗氏」）

パン粉はもちろんいいものを卸そうとは心がけていますが、パン粉に関して僕はそれほど詳しくありません。でも、すぎ田さんがあれだけ評価して使ってくださっているので、きっといいものなのでしょう。

（※）台東区寿3丁目で営業しているとんかつ屋さん。ミシュランのビブグルマンにも選ばれている人気店。1977年に創業、現在のご主人が2代目。

ペリカンのパン粉②

昔、赤坂にミカドと月世界《げっせかい》というキャバレーがあって（※）、その2店からどうしてもペリカンのパンでパン粉を作ってほしいと依頼が来たんです。食パンは配達していたんですけど、パン粉もペリカンのパンじゃなくちゃダメだと。そのときは目の粗いふるいを使って、みんなで手袋をして手で作っていました。「そんな面倒臭いことしていたの？」と思うかもしれませんが、だってそれまでパン粉なんて作ったことなかったですから（笑）。

あれは、昭和36～37（1961～62）年頃でしょうか。そのうちにパン粉の機械を使って作るようになりました。今では、うちのパン粉をとんかつ屋さんや串揚げ屋さんも使ってくださっています。（2代目の妻・竹子さん）

今のパン粉の機械は2代目になります。この大きさのものはもう製造されていないのだそうです。もっと大きいか小さいかしかない。ペリカンは狭いので、これ以上大きくても困るし、今はパン粉のお客さまもけっこう多いので小さくても困りますね。大事に使っていきたいです。

みんな年を取ってくると続かないんですよ。後継ぎがいなくて。機械が古くなるとメンテナンスが大変なの。昔のメーカーさんは電話1本で夜中でも駆けつけてくださったけど、今どきはそういう人っていないんですよ。人にも恵まれていましたね。（2代目の妻・竹子さん）

（※）ミカドは昭和36（1961）年10月に〝世界の社交場レストランシアター〟として開業。地下2階から地上6階まである広いフロアと大噴水、外国人タレントのショーが目玉だったが3年後に閉店。昭和40（1965）年に高級キャバレーとして再開した。月世界は昭和35（1960）年に開業。フルバンドが演奏する豪華なキャバレーとして話題になった。

写真：AP ／アフロ
東京初のレストランシアターとして開業した赤坂の「ミカド」。
開店から盛大なショーが開催された。昭和36（1961）年10月10日撮影

第2章

ペリカンの歴史

「ペリカン」は2代目のニックネーム

「パンのペリカン」を作った2代目は昭和9(1934)年生まれです。戦争中は鵠《くげ》沼《ぬま》に疎開をしていて、ドジョウを捕った話などを聞かせてもらいました。「ペリカン」というのは、鵠沼にいた頃に付けられたニックネームだそうです。戦争に行って体を壊した父親に代わって長男の自分が家族を養うんだという気概がある人だったと思います。僕は今30歳ですが、祖父が30歳の頃とはきっと精神年齢が全然違います。

私が嫁いだのは昭和32(1957)年です。そのときはペリカンではなく「三河屋パン」でした。家に古い包装紙が残っていたので、三河屋パンの前は渡辺パン店だったんだなと知りましたが、いつから三河屋パンになったのかはわかりません。浅草のオレンジ通りに三河屋という親戚のケーキ屋さんがあって、親戚同士とはいえ、同じ名前ではまずいだろう、変えなくちゃねというので「ペリカン」になりました。

なにせひとりでパンを作って、ひとりでオートバイで配達して、という時代です。こねる作業も全部自分でやっていたので、上半身にすごく筋肉がついて逆三角形。あの頃はミキサーもなかったから、全部手作り。お正月もなく365日働いていました。ペリカンのずっしり重みのある、モチモチしたパンはその頃から変わらないです。私が若かった頃は、発酵してきれいに膨らんだ生地をぷちゅっ、ぷちゅってつぶしてました（笑）。なんとも言えない手触りなの。なめらかでね。怒られましたけどね（笑）。私がお嫁に来たときは既に食パン、ロールパンだけでした。惣菜パンやカステラを作っていた頃のことは話で聞いただけです。昔は統制時代ですから、お客さまに小麦粉を持ち込んでもらって、みなさんの希望を聞いて焼いていた話もしていました。パンだけに限らず、焼き芋とかお菓子とか。頼まれたらなんでもやったって言ってましたね。そうしないと食べていけない時代です。（2代目の妻・竹子さん）

初代店主・武雄さん①

昭和17（1942）年にペリカンの前身となるパン屋を創業した曽祖父・武雄に僕は会えなかったんです。面白い人だったとは聞いています（笑）。趣味人で、新しいものが好きで、それでパンもコーヒーも始めたわけです。

初代の武雄は戦前に馬道でミルクホールをやっていました。外車に乗って、とても羽振りがよかったそうです。子どもなのに三つ揃えの背広を着て写っている主人の小さい頃の写真がありましたよ。お手伝いさんもいっぱいいて。馬道の交差点を過ぎたところに布団屋さんがあったんですが、武雄さんのミルクホールはその隣で営業していたそうです。お風呂屋さんがすぐそばにあって、家の2階から中が見えたなんて言ってました（笑）。

ミルクホールは昭和軒（※）という名前でした。その前に兄弟3人で木挽町でミルクホールをやっていたときも昭和軒。それぞれ独立しましたが兄弟仲はすごくよかったんです。その後、長男はひさご通りで洋食屋（クスノキヤ）を、武雄さんはパン屋を始めて、末の弟は銀座でコーヒー屋をやっていました。

初代の武雄さんはあちこちのお店の方と仲良しで周りの人にすごく慕われていました。毎日必ず浅草をひとまわりして歩いて「やあ！　やあ！」と声をかけてお店に入っていくの。その間、主人の母親が文句も言わずに一生懸命パンを作っていました。だから小柄な人なんだけど腕が太くてね。お母さんは優しい優しい人で、子どもを叱るってことをしませんでしたね。だから主人も優しい人でした。私も嫁いで一度も叱られたことがありませんでした。（2代目の妻・竹子さん）

（※）ペリカンの初代・武雄さんが兄弟3人で経営していた「昭和軒」は戦前の人気店で、サトウハチローなどの著書に名前が登場する。

五銭のコーヒーならまだある。言問橋《こといばし》からまッすぐに、鶯谷《うぐいすたに》へぬける通りにある昭和軒《しょうわけん》だ。夜の二時ごろ行ってみる。火鉢《ひばち》に手をかざしてコーヒーをすゝっている仁《じん》を見るとみな運《うん》ちゃんだ。運ちゃんにアルコールはキンモツだ。五銭で腹をあたゝめて、また稼ぎにゆくのだ。僕は円タクへ乗るとよく「旦那はこの車へ二度か三度目ですね」と言われる。僕はものおぼえだけはいゝので一度乗った車の運ちゃんの名は、たいていおぼえている。名札を見るとなじみのない店だ。

「乗ったことないよ」

「そうですかな、たしかお見かけした顔だが」

これはみんな僕と昭和軒か、丸善《まるぜん》食堂で逢ったことがあるからなのである。丸善食堂は田原町《たわらまち》だ。夜明かしでやっている。運ちゃんのオアシスだ（古いかな）。

サトウハチロー著『僕の東京地図』春陽堂文庫より　昭和11（1945）年

バタビア（銀座四丁目服部時計店横）は戦前の昭和軒（昭和二年創業。木挽町と浅草にあり運ちゃんのオアシスでサトーハチロー等に愛された渡辺三兄弟の店）の後身で兄繁美氏の経営。銀座としては安い割に旨いので評判、洋菓子は浅草の工場で作ってる。浅草クスノキヤは同系店。水原嘉兵衛氏の薫陶を受けた弟、学氏は西二丁目で渡辺珈琲商会（昭和五年創業）を経営し材料輸入卸専門。喫茶店を補佐し生長さしてやるのが卸屋の使命で、卸業者と珈琲店各々分野を守り一道を進むべしとの一業一貫主義の信念の実践者で、気骨稜々として且義理人情に富む正直庵太陽礼賛居士。「一日を過せるのは皆が支へてくれるから、お顧客さんに幸あれ、店員へはお世辞使ふな丁寧にしろ」と。率直にして真情溢れとる。代々の銀座ッ子で二千坪の土地ももってをり、夫人の父は貴金属商を手広くやり町会長数十年勤めた御仁。

岩動景爾編著『東京風物名物誌』より　昭和26（1951）年

浅草のひさご通りにあったケーキと洋食の店「クスノキヤ」の前に立つ竹子さん。
昭和43（1968）年頃撮影

昭和26年頃の浅草

岩動景爾『東京風物名物誌』（東京シリーズ刊行）より

ペリカン初代店主・武雄さんのお兄さんの店。「喫茶店のクスノキヤは銀座のバタビヤと同系店で安くて旨いので人気がある。戦前の運ちゃんのオアシスだつた昭和軒と同じ系統のもの」

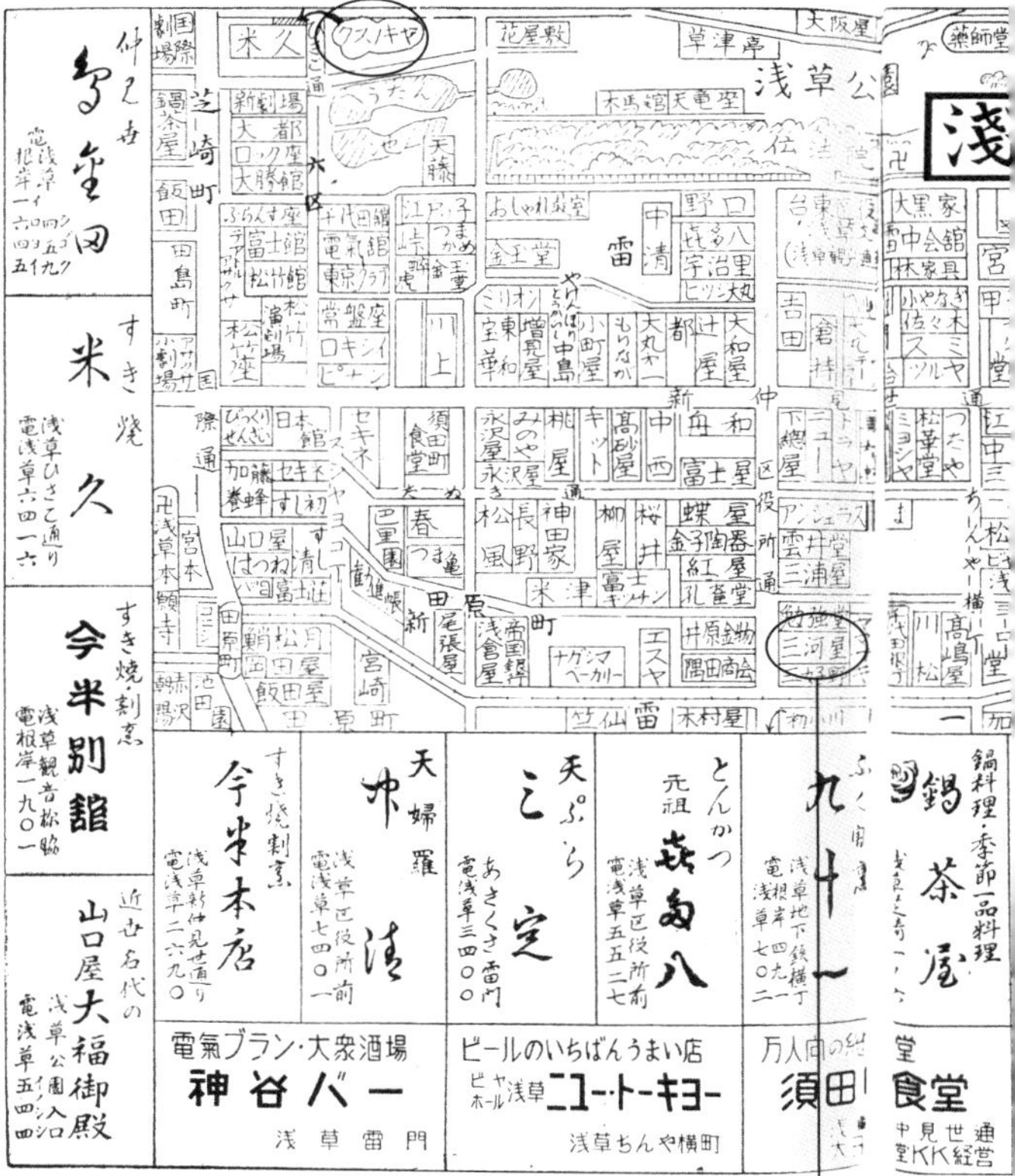

三河屋はケーキ屋で、ペリカンのパンも売っていた。武雄さんの妻の実家である。「三好野の角から区役所の方へ歩いてゆくと、コーヒーの三河屋は明治二十年創業、昔は魚屋すしやなどをやったが、昭和七年から喫茶店を始めた、明るい感じのいい店で気軽に入れる店」

昭和26年頃の銀座

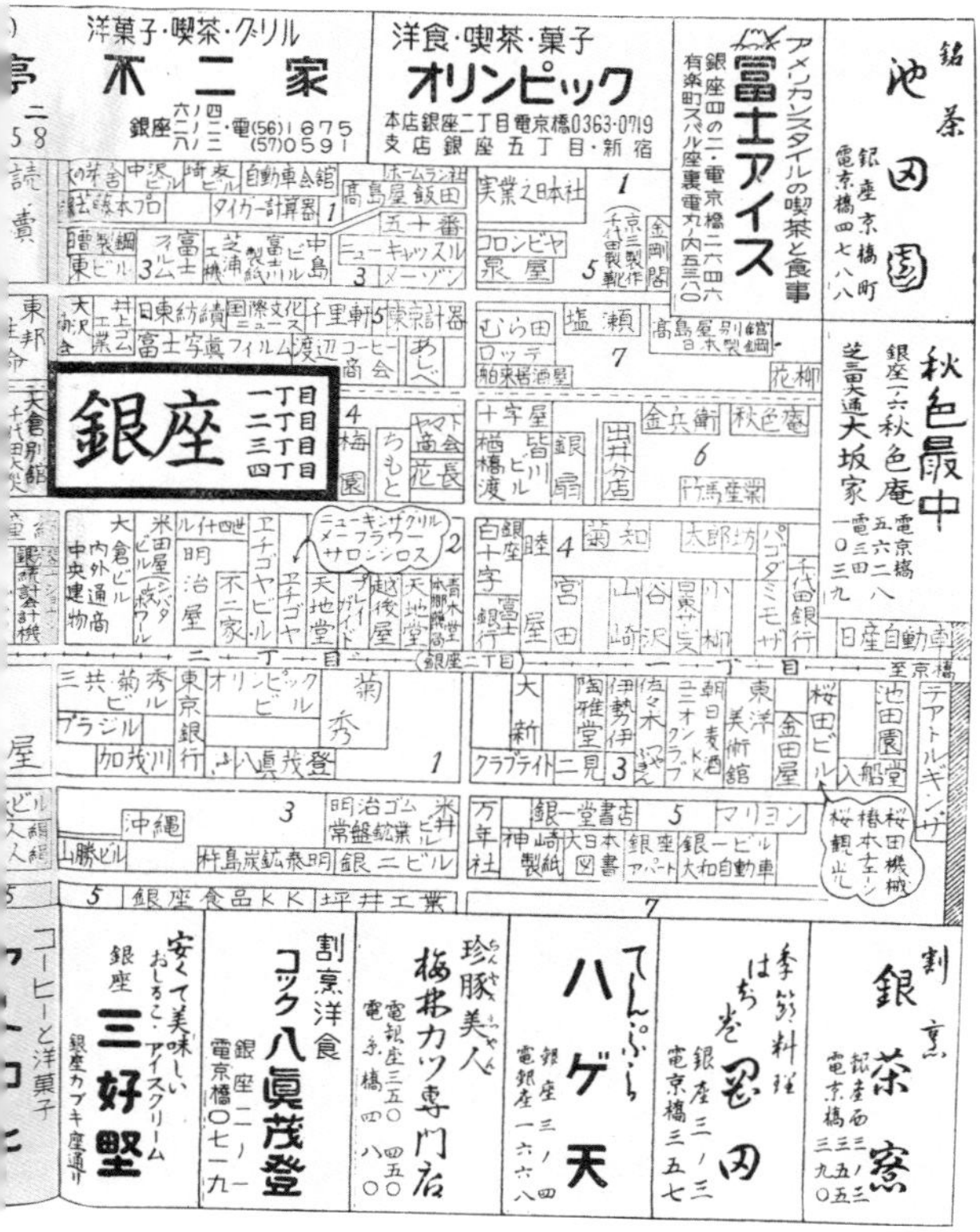
洋菓子・喫茶・グリル
不二家
洋食・喫茶・菓子
オリンピック
本店銀座二丁目電京橋0363・0719
支店銀座五丁目・新宿
アメリカンスタイルの喫茶と食事
冨士アイス
銘茶
池田園
銀座
秋色最中
秋色庵
大坂家
銀座
一丁目
二丁目
三丁目
四丁目
高島屋飯田
実業之日本社
五十番
ニューキャッスル
コロンビヤ
泉屋
日東紡績
国際文化ニュース
千里軒
東京計器
富士写真フィルム
渡辺コーヒー商会
むら田
塩瀬
ロッテ
十字屋
金兵衛
秋色庵
明治屋
不二家
天地堂
越後屋
白十字
菊知
太郎坊
パゴダミモザ
日産自動車
三共
菊秀
東京銀行
オリンピックビル
ブラジル
加茂川
八眞茂登
大新
陶雅堂
伊勢伊
桜田ビル
池田園
テアトルギンザ
入船堂
クラブテイト
二見
明治ゴム
常盤鉱業
沖縄
山勝ビル
銀一堂書店
マリヨン
万年社
神崎製紙
大日本図書
銀座アパート
銀一ビル
大和自動車
銀座食品KK
坪井工業
コーヒーと洋菓子
銀座
安くて美味しい
おしるこ・アイスクリーム
三好堅
割烹洋食
コック八眞茂登
珍豚美人
梅串カツ専門店
てんぷら
ハゲ天
季節料理
はち巻岡田
割烹
銀茶寮

昭和軒の後身の店

岩動景爾『東京風物名物誌』（東京シリーズ刊行）より

初代店主・武雄さん②

明治生まれの初代の時代は、コーヒーを飲むことすらけっこう珍しかったと思うのですが、機械で炒って自分で淹れて飲んでいたという話を聞いています。味覚がとても鋭い人だったそうです。

初代の武雄さんは満州に自動車隊として召集され、主人が小さい頃はほとんど家にいなかったそうです。帰ってくるとまた召集されて、何回も戦地に行ったって言っていました。それですっかり胃を壊してしまって。病院で胃を2回くらい切っていたかな。体に2本ほど大きな傷跡がありましたね。それがあって、あまり働けませんでした。だから自分が方針だけ示して、あとは主人の母親が一生懸命パンを作っていましたね。

主人はいつも父親と敬語で話していました。口答えも絶対にしません。パンは必ず毎日食べて、しょっちゅう2人で話していました。

武雄さんは車が運転できることを活かして横浜方面の進駐軍にずいぶん詳しかったみたいです。チョコレートもうちに山のようにありましたよ。つい最近までお店にでんと座っていた冷蔵庫も、初代が進駐軍から払い下げてもらったもので、何十年も代々使っていました。2016年にダメになったんですけど、絶対に捨てないで取っておこうってみんなで決めて、今は倉庫にあります。

82歳のときにお店の前で転んで骨折して、10日くらい病院に入っていたかな。「早く退院したい」と言って家に帰ってきて、「帰ってきたよ、お兄ちゃん」という言葉を最後に、長いすの横にいた主人の胸にふーっと倒れこんで息を引き取りました。それくらい本当に仲がよかったですね。(2代目の妻・竹子さん)

ロールパンのこだわり

ロールパンの表面には普通、卵を溶いたものを塗ってツヤを出しますが、ペリカンのロールパンは何も塗りません。その理由は今となってはわかりませんが、卵を塗るか塗らないかでパンの表情が変わりますし味も変わるので、それも初代と2代目のこだわりだと思います。僕自身も卵を塗らないほうが好きです。

最近の日本のパン屋さんではペリカンのようなシンプルなロールパンはあまり見かけないように思います。ロールパンは巻くので手間と時間がかかる、という理由もあるのでしょう。ロールパンはアメリカで生まれたパンですし、ペリカンの小さいサイズの角食（日本の一般的な食パンより一回り小さい）はアメリカで一般的なサイズと聞いています。アメリカ風のパンづくりもペリカンに受け継がれているようです。

うちの食パンには、切り口が長方形の大きいものと、米軍が食べてたのと同じで真四角の小さいものの2種類あって、お客さんの好みがはっきり半々に分かれます。形が違うだけじゃなく、おいしさの秘密が実はこの形にあるんです。(『婦人公論』２０００年12月22日・２００1年1月7日合併号　渡辺多夫「哲学とひらめきのパン」)

父はヨーロピアンスタイルのフランスパンとアメリカンスタイルのパンの両方を経験したので(※)、うちのパンはその中間のスタイルをとっています。(『cafe sweets』vol.16「ブーランジェの履歴書(４)渡辺多夫」)

(※) 初代の武雄さんは大正の末期、新橋演舞場の近くにあった精養軒のベーカリーに就職。第一次世界大戦で捕虜になった後もそのまま日本で暮したドイツ人やアメリカ人と一緒に働いたので、ヨーロッパとアメリカ両方のパンづくりを習得した。

武雄さんが就職した精養軒のベーカリーを作ったのはスイス人のチャーリー・ヘス（通称チャリヘス）で、精養軒の料理長を務めながらチャリ舎というパンとソーダの会社も経営していた。武雄さんは「ペリカンが目指すのはチャリ舎のパン」と常々言っていたそうである。

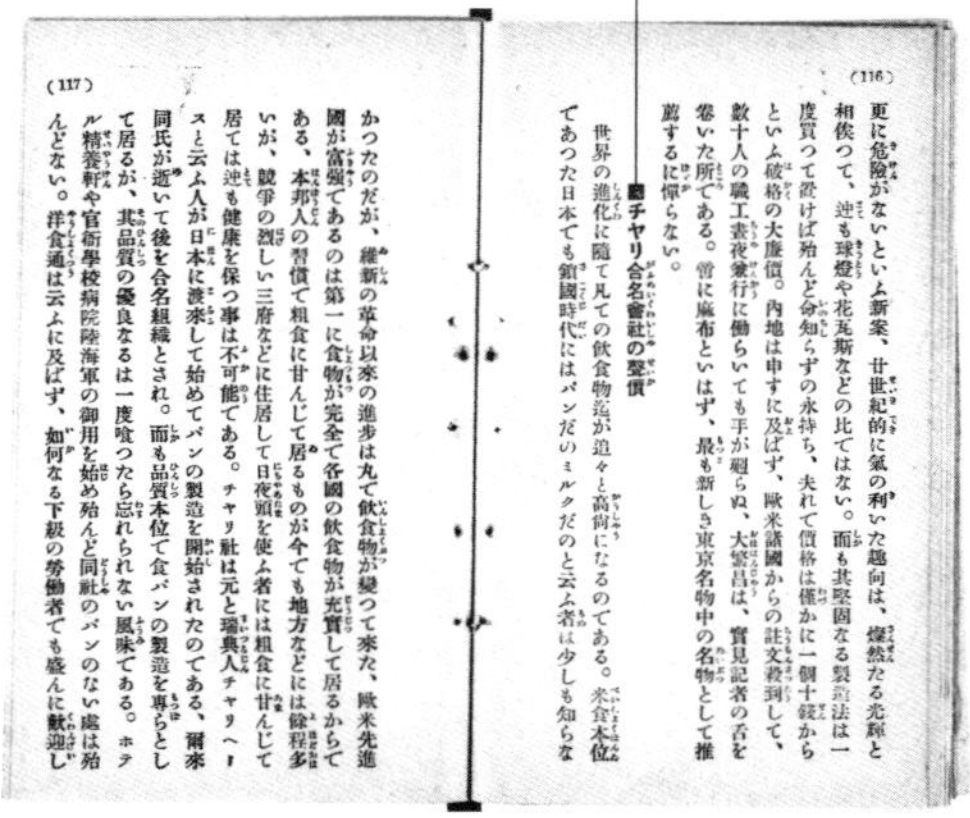

（116）

更に危険《きけん》がないといふ新案、廿世紀的《せいきてき》に氣の利《き》いた趣向は、燦然《さんぜん》たる光輝と相俟つて、迚《とて》も球燈《きうとう》や花瓦斯などの比ではない。而《しか》も其堅固なる製造法は一度買つて置けば殆んど命知《いのちし》らずの永持ち、夫れて價格は僅《わづ》かに一個十錢《せん》からといふ破格《はかく》の大廉價。內地は申すに及《およ》ばず、歐米諸國からの註文殺到《ちうもんさつたう》して、數十人の職工晝夜兼行《ちうやけんかう》に働らいても手が廻らぬ、大繁昌《おほはんじやう》は、實見記者の舌を卷いた所《ところ》である。啻に麻布といはず、最《もつと》も新しき東京名物中の名物《めいぶつ》として推薦《すゐせん》するに憚《はゞか》らない。

■チャリ合名會社《がうめいくわいしや》の聲價《せいか》

世界の進化《しんくわ》に隨て凡ての飮食物迄が追々と高尙《かうしやう》になるのてある。米食本位《べいしよくほんゐ》てあつた日本ても鎖國時代《さこくじだい》にはパンだのミルクだのと云ふ者《もの》は少しも知らな

（117）

かつたのだが、維新《ゐしん》の革命以來の進歩は丸て飮食物《いんしよくぶつ》が變つて來た、歐米先進國が富強《ふきやう》てあるのは第一に食物《しよくもつ》が完全て各國の飮食物が充實《じうじつ》して居るからてある、本邦人《ほんぽうじん》の習慣て粗食に甘んじて居《ゐ》るものが今ても地方などには餘程多《よほどおほ》いが、競爭の烈《はげ》しい三府などに住居して日夜頭《にちやあたま》を使ふ者には粗食に甘《あま》んじて居ては迚《とて》も健康を保つ事は不可能《ふかのう》てある。チャリ社は元と瑞典人《すゐつてんじん》チャリヘースと云ふ人が日本《にほん》に渡來《とらい》して始めてパンの製造を開始《かいし》されたのてある、爾來同氏が逝《ゆ》いて後を合名組織とされ。而《しか》も品質《ひんしつ》本位て食パンの製造を專《もつぱ》らとして居るが、其品質《そのひんしつ》の優良なるは一度喰つたら忘《わす》れられない風味《ふうみ》てある。ホテル精養軒《せいやうけん》や官衙學校病院陸海軍の御用を始《はじ》め殆んど同社《どうしや》のパンのない處は殆んどない。洋食通《やうしよくつう》は云ふに及ばず、如何《いか》なる下級の勞働者ても盛んに歡迎《くわんげい》し

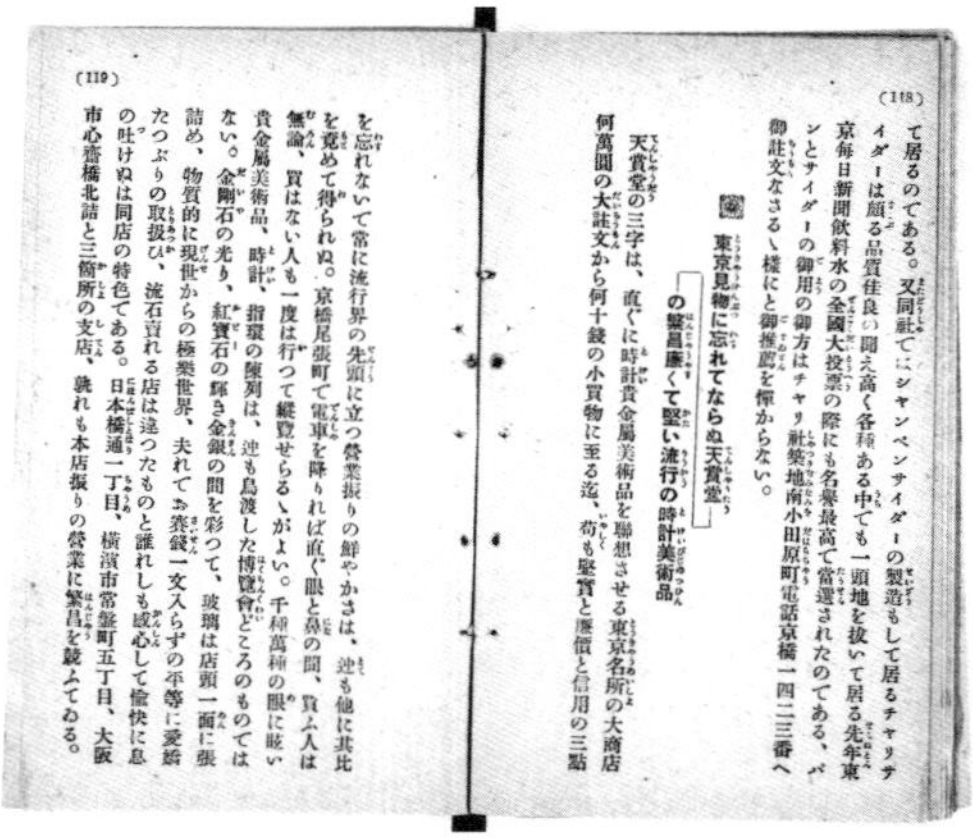

（118）

て居るのてある。又同社《またどうしや》てはシャンペンサイダーの製造《せいざう》もして居るチャリサイダーは頗る品質佳良の聞え高く各種ある中《うち》ても一頭地を拔いて居る先年東《せんねんとう》京毎日新聞飮料水の全國大投票《ぜんこくだいとうへう》の際にも名譽最高て當選《たうせん》されたのてある、パンとサイダーの御用《ごよう》の御方はチャリ社築地南小田原町《しやつきぢみなみをだはらちやう》電話京橋一四二三番へ御註文《ごちうもん》なさるゝ樣にと御推薦《ごすゐせん》を憚からない。

東京見物《とうきやうけんぶつ》に忘《わす》れてならぬ天賞堂《てんしやうだう》
─の繁昌《はんじやう》廉くて堅《かた》い流行《りうかう》の時計美術品《とけいびじゆつひん》

天賞堂《てんしやうだう》の三字は、直ぐに時計《とけい》貴金屬美術品を聯想させる東京名所《とうきやうめいしよ》の大商店何萬圓の大註文《だいちうもん》から何十錢の小買物に至る迄、苟《いやし》も堅實と廉價と信用の三點

（119）

を忘《わす》れないて常に流行界の先頭《せんとう》に立つ營業振りの鮮やかさは、迚《とて》も他に其比を覓《もと》めて得《え》られぬ。京橋尾張町て電車《でんしや》を降りれば直ぐ眼と鼻《はな》の間、買ふ人は無論《むろん》、買はない人も一度は行《い》つて縱覽せらるゝがよい。千種萬種の眼《め》に眩い貴金屬美術品、時計《とけい》、指環の陳列は、迚も鳥渡した博覽會《はくらんくわい》どころのものてはない。金剛石《こんがうせき》の光り、紅寶石《るびー》の輝き金銀《きんぎん》の間を彩つて、玻璃は店頭一面に張《は》詰め、物質的に現世《げんせ》からの極樂世界、夫れてお賽錢《さいせん》一文入らずの平等に愛嬌たつぷりの取扱《とりあつか》ひ、流石賣れる店は違つたものと誰れしも感心《かんしん》して愉快に息の吐《つ》けぬは同店の特色てある。日本橋通《にほんばしどほり》一丁目《ちやうめ》、横濱市常盤町五丁目、大阪市心齋橋北詰と三箇所《かしよ》の支店《してん》、孰れも本店振りの營業に繁昌《はんじやう》を競ふてゐる。

『三府内及近郊名所名物案内』
（日本名所案内社）　大正7（1918）年

■チャリ合名会社の声価

世界の進化にしたがってすべての飲食物までがおいおいと高尚になるのである。米食本位であった日本でも鎖国時代にはパンだのミルクだのという者は少しも知らなかったのだが、維新の革命以来の進歩はまるで飲食物が変わってきた、欧米先進国が富強であるのは第一に食物が完全で各国の飲食物が充実しているからである。本邦人の習慣で粗食に甘んじているものが今でも地方などには余程多いが、競争の烈しい三府などに住居して日夜頭を使ふ者には粗食に甘んじていてはとても健康を保つことは不可能である。

チャリ社はもともとスイス人チャリヘスという人が日本に渡来して始めてパンの製造を開始されたのである。爾来同氏が逝いて後を合名組織とされ、しかも品質本意で食パンの製造を専《もっぱ》らとしているが、その品質の優良なるは一度喰ったら忘れられない風味である。ホテル精養軒や官衛学校病院陸海軍の御用をはじめほとんど同社のパンのない所はほとんどない。洋食通はいうに及ばず、いかなる下級の労働者でも盛んに歓迎しているのである。

また同社ではシャンペンサイダーの製造もしている。チャリサイダーはすこぶる品質佳良の聞え高く各種あるうちでも一頭地を抜いている。先年東京毎日新聞飲料水の全国大投票の際にも名誉最高で当選されたのである。パンとサイダーの御用の御方はチャリ社　築地南小田原町　電話　京橋一四二三番へご注文なさるゝようにとご推薦をはばからない。

ペリカンのケーキ屋さん

千葉県の松戸にペリカンのケーキ屋さんがあったんです。僕も小学生の頃、夏休みに遊びに行って、おばあちゃんに連れられて、だいたいケーキ屋で過ごしていました。本当に美味しかったんですけどね。あまり売れなかったんです。美味しいものを作っていれば売れるってものでもないということを、今思えばあの店で知ったように思います。話を聞くとやっぱり原価も高くて、いい材料を使って、美味しいものを作っていたんです。ケーキを売るだけでなく、20人くらい座れるイートインスペースもありました。

ケーキ屋さんは昭和43（1968）年から始めて30年やりましたけど、ちっとも儲かりませんでした。松戸で3店舗（上本郷店・松戸店・北松戸店）営業していたんですけどね。ケーキ屋さんは材料費がかかりすぎでした。でも、ペリカンのケーキが食べたいって、今でもみなさんに言われるんです。

絶対に主人は原材料の質を落とすということをしないの。最高の材料を使って、最高のものを出せと。だから採算が合うわけがない。あの頃の松戸のちょっと駅から離れたところでやっていたから、ちっとも売れないのね。

ケーキ職人は私の弟がやっていたの。弟は最初、浅草のオレンジ通りにあった三河屋という主人の叔母のケーキ屋で少し修行して、その後に自由が丘のモンブランで修行して、それからペリカンに来ました。松戸の町が大きくなる前に始めたから、少し早すぎたかもしれないですね。

サヴァランのブリオッシュも美味しかった。「あ、今ラム酒に漬けてるな、次は生クリームだな。あ、できた！」と思うとお皿を持って行くの。毎日食べてたもんね（笑）。ケーキも飽きない美味しさでした。だから太っちゃって太っちゃって、これでもね、今は7キロ痩せたのよ（笑）。（2代目の妻・竹子さん）

バブル時代は〝時代遅れのパン〟

今はたまたま食パンブームでそれなりに売れてはいますが、厳しい時期はけっこう長く続いたと聞いています。パンが売れないからリストラしないといけなくなり、人を辞めさせることもしたと言っていました。それはバブルのときです。その頃のペリカンは本当に調子が悪かったようです。

バブルの頃は味覚も華やかなものが好まれるのか、ペリカンの「ごはんみたいなパン」という地味なのはダメでした。

80年代のパン屋さんは本当に華やかで、職人さんが外国で3年とか5年とか修行して揉まれて帰って来て本格志向のフランスパンやクロワッサン、デニッシュなどを作っていました。ペリカンは時代遅れだったと思います。

店主になるときに、昔の決算書を掘り起こして見ていたら、2代目が不動産を売却して補填している形跡があったので、大変だったんだなあと思いました。

45年以上勤める名木も、今が一番調子がいいと言っています。

2代目がペリカンを切り盛りしていた時代は長男として「俺が家を支えるんだ」というプレッシャーがあったと思います。当時は現代のような「他人よりもまず自分を大事にする」という考え方とは違っていたはずですから。

経営が苦しかった時期？　ずっと（笑）。ずっとでした。自転車操業。

ペリカンがこういう風に上向いてきたのは、料理評論家の山本益博さんが週刊文春に書いてくださったのが最初です。山本さんは柳橋に住んでいらして、父親同士が仲良しでした。山本さんのお父さまはお花の大好きな方で、よくお花をうちのお店に飾ってくださったの。あと『アド街ック天国』で紹介された反響もすごかったです。それ以前もテレビに出ませんか？　というお話はあったんですけど、初代の武雄さんが「そういうところに出ると、仕事が荒れてお店が潰れるから、いっさい出ない」というポリシーだったんです。それで初代が亡くなった後に、まあ、そろそろいいでしょう、ということでテレビに出た

んです。その頃から、みなさんが認めてくださるようになりました。それまではつぎ込みました（笑）。（2代目の妻・竹子さん）

昭和46（1971）年に私が17歳でペリカンに入社したときはすごかったんです。浅草や銀座にパンを卸して、配達の車が3台もあって、卸し専門店としてのピークでした。私は新聞で従業員募集の広告を見て、給料が高かったのですぐ電話したのですが、「ペリカン」としか書いてなかったのでパン屋だとは知らないで入社したんです（笑）。面接のときに多夫さんの人柄に惚れて、パン屋さんじゃなくても、お蕎麦屋さんだとしても多夫さんのもとで働きたいと思いました。それが喫茶店がどんどん潰れて、私が30歳の昭和59（1984）年頃にペリカンもどん底まで行っちゃったんです。それで私もリストラの対象になったんですが、私にやる気があるのは親父さん（多夫さん）もわかってくれていたので、仕事がきつい朝番に志願して残してもらいました。親父さんの貯蓄がなかったら、あの頃潰れていたと思います。無駄遣いしない人でしたからね。（名木広行さん）

第3章 おいしさのひみつ

特別な材料を使っているわけではない

うちは特殊なことをしているわけじゃないんです。

今は材料にこだわろうと思えば、いろんなところから取り寄せることができるじゃないですか。それこそこだわりのパン屋さんは、職人さんが自ら海外へ買い付けに行ったり、日本で小麦を作っている農家へわざわざ直接買い付けに行ったり、いろいろやっています。それもひとつの銘柄だけではなく、複数の小麦を配合して差別化する店が多いです。

2代目は「凝ったものを使いすぎない」という話をしていました。「美味すぎるからだめだ」と口にすることもあったくらいです（笑）。それはあまりパンが「目立ちすぎるな」という意味だったのでしょう。

少し前、バター不足だったとき、しょうがなくカルピスバターで代用したんです。カルピスバターや発酵バターは美味しいですが、価格は普通のバターの3〜4倍します。みんなで試食して「やっぱりカルピスバターで作ると美味いね」という話をしたんですが、「でもこれはやっぱりうちのパンじゃないね」ということになってすぐにやめちゃいました。パン単体で食べると美味しいんですが、他の料理とのバランスを考えると、主張が強すぎてダメだというのは確かにあるんです。

バター以外にも、モンゴル産のすごく高級な塩を使ってみるかという話があって試してみたんですが、味が濃すぎるからダメ、美味しすぎるからダメとなりました。

水もバターも塩もいっさいがっさいこだわれば、1万円のパンだって作ろうと思えば作れますよ。でも売れなくちゃなんにもならないです。「ごはん代わりのパンとして自分の家で食べてもらいたい」って2代目が口を酸っぱくして言ってましたから、そんなに高くはできません。それが基本です。ペリカンはそれをずっと守っていくんじゃないですか。(名木広行さん)

ペリカンのパンは重い

ペリカンのパンは重いと言われますが、実際けっこうずっしりしています。それは単純に生地が重いからで、うちは膨らまし方がわりと控えめなんです。

もちろん膨らませはするのですが、どちらかというと焼き固める感じと言えばいいでしょうか。フワフワ膨らませている軽いパンとは違います。

今の小麦粉は品質改良されていて、すごく膨らみます。昔の小麦粉とはそれこそ別物でしょう。グルテンの量でパンがどれくらい膨らむかが決まるのですが、グルテンの質が昔と今ではまったく違っています。

それにも関わらず、昔ながらの作り方をたまたまペリカンが受け継いでいるから、焼き固めるような重いパンになっているのかもしれません。狙ってやったというより歴史と偶然の産物のような気もします。

パンの味は昔からほとんど変えていません。季節や温度、湿度、寒さ熱さ、日々すごく気を配っていました。

なにせね、主人が書いたへんてこりんなメモが、あっちにもこっちにも残っているんです。粉の配分なのか、お砂糖なのか、ああしろこうしろっていうのが、ちょこちょこ書いてあるんだけど私にはさっぱりわからない。

倒れたときもお財布の中にそういう紙っぺらが何枚かありましたね。（2代目の妻・竹子さん）

発酵させすぎて膨らませすぎてもダメ、生地が若すぎてもダメ、いいタイミングがあるんです。そのタイミングで成形しないと色も匂いも全然違っちゃいます。ここを見分けるのが非常に大変で、だからパン作りは一生勉強なんです。ちゃんと作るとすごくいい匂いになります。型のフタを開けたときにふわっといい匂いがすると、ああ、いいパンだなってわかるんです。（名木広行さん）

パンと会話する

小麦粉は時代や種類だけでなく、年ごとでもけっこう違います。

「今年の小麦粉は水をよく吸うけど、去年のはあんまり吸わなかったね」「今年は膨らむけど、去年のは膨らまないね」などがあります。パンは、生き物です。

名木も「パンと会話しないとダメ」と言います。「しっかり見て気を使ってあげないと、いいものはできないよ」と。パンを生き物だと思えない人は、やっぱりパンを作るのが下手です。やればいいと思っているかもしれないけど、そうじゃない。

手間をかけるのはどこのパン屋だってそうだと思うのですが、ペリカンは2種類のパンしかないので、同じパンと長く会話をし続けることになります。

パンとの会話は、とても細かい部分なので説明するのは難しいですが、水の量、イーストの量から始まって、気温に対しての発酵温度など、細かくバランスを見ます。

実際に仕込んではみたもののできあがった生地がうまくいってなかったら、発酵時間を少し増やしたり短くしたり、窯に入れるタイミングも普段はこうだけど、この生地はもう少し早くする遅くする、窯の火加減も季節によって変えたり、気にしようと思えばポイントは無限にあるんです。ペリカンのパンが美味しいと言っていただけるのは、職人が真面目に向き合ったことにパンが応えてくれているということだと思います。

主人はね、トースト一本やりでした。バターにジャムを付けて、シンプルな感じで。夕飯を食べますでしょ。少し経つと「コーヒーとパン」って言うんです。食後に必ずトーストを食べる人でした。朝もパンで、自分で焼いた自分のパンが大好きなの。家ではパンを冷蔵庫に入れて保存しておくんです。冷蔵庫に1週間置いておいたパンでも元に戻るからペリカンのパンは不思議なの。いくら硬いなって思ってもトーストすると元に戻る。3日目の、4日目の、と主人は食べ比べていましたね。（2代目の妻・竹子さん）

45年以上パンを作っていますが、まだ答えが出ないですからね。パン職人に向いているのは向上心がある人だと思います。パンを作る仕事は日々勉強です。

私は18歳から30歳まではロールパンを作って、30歳から55歳まではずっとひたすら生地を触っていましたから、生地を触っただけでわかるんですよ。「あ、このパンは絶対美味しくなるな」って。パンはちょっとしたことで全然変わります。特にペリカンのパンはシンプルだから難しい。若い頃はピリピリして仕事していました。よそはペリカンのパンを真似できないんじゃないかな。だから全然怖くないんです。でも看板にあぐらをかいて、「それなりのパン」を作っていたら店はすぐどこにでもある普通のパン屋になってしまいます。

どの職業もそうだと思いますが、特にパン屋さんは終わりがない職業です。パン屋さんが100人いれば、みんなそう言うと思いますよ。でも、終わりがないっていうのは楽しいです。難しいのは楽しいですよ。楽しくないって思う人はこの仕事に向いていないのでしょう。せっかく一生やるなら、奥の深いことをやりたいじゃないですか。(名木広行さん)

ペリカン
TEL3841-4686
ペリカン
TEL3841-4686
ペリカン
TEL3841-4686
ペリカン
TEL3841-4686
ペリカン
TEL3841-4686
ペリカン
TEL3841-4686

COFFEE
人形町
喫茶去
快生軒
創業
大正八
1-17-9 NINGYO-CHO
COFFEE KAISEIKEN
SINCE 1919
喫茶去 快生軒
創業大正八年
営業中

喫茶去 快生軒（人形町）

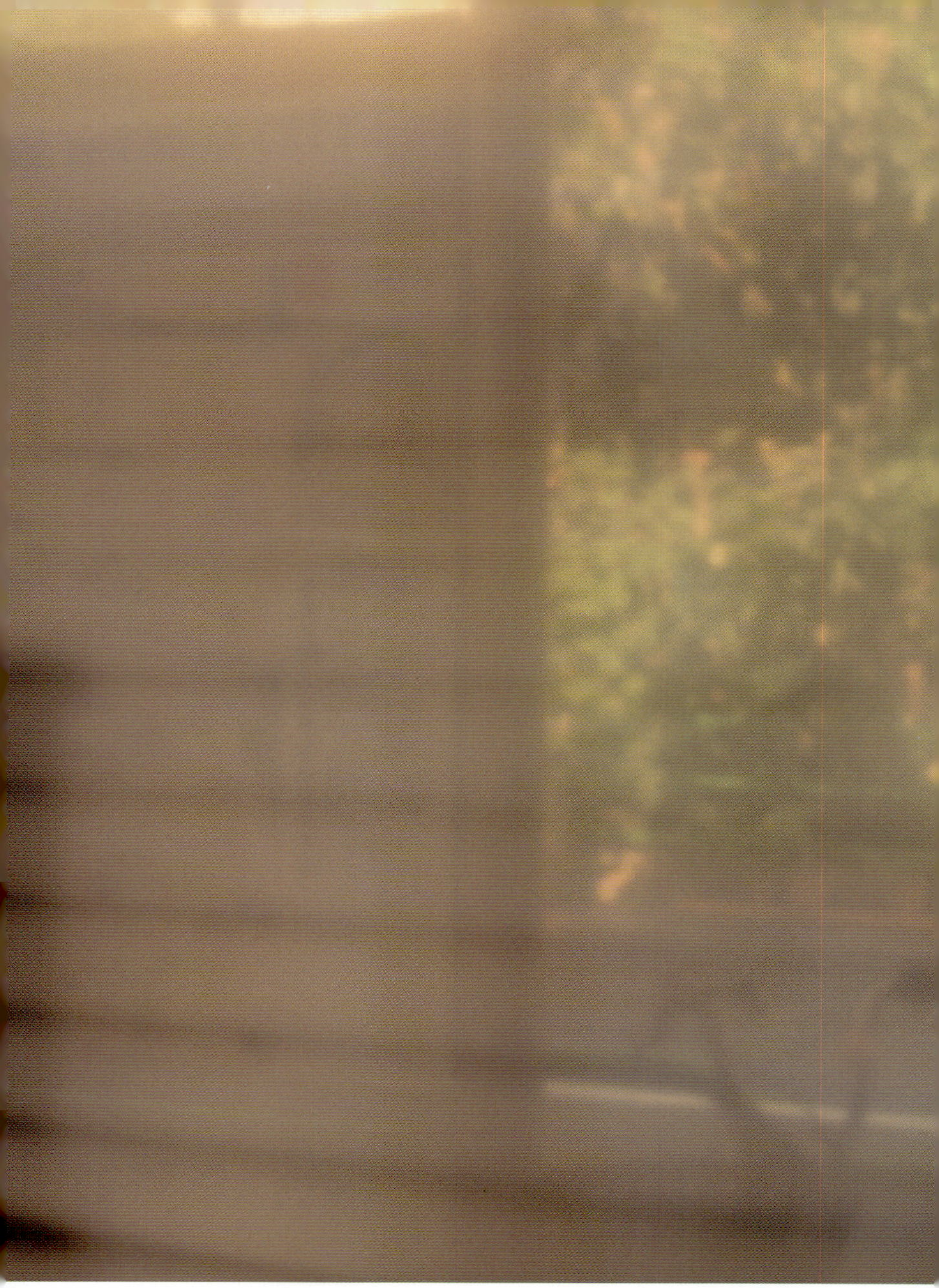

喫茶去 快生軒（人形町）のトースト

COFFEE SHOP

珈生園（業平）のハムサンド

珈生園（業平）の横田店長

CASIO

ふれあい通り
2ND FLOOR

め●AIZOME
JAPAN BLUE
How about 藍染め
ふれあい通り
ふれあい通り
蛇骨湯

フルーツパーラーゴトー（浅草）のフルーツサンドイッチ

フルーツパーラーゴトー（浅草）

写真：新津保建秀（p97–p110、p112）

名木さんが33歳の頃。
撮影は昭和62（1987）年

奥に見える日覆いが黄色とオレンジの縞模様。
撮影は昭和62（1987）年

2代目の多夫さん。
撮影は平成12（2000）年

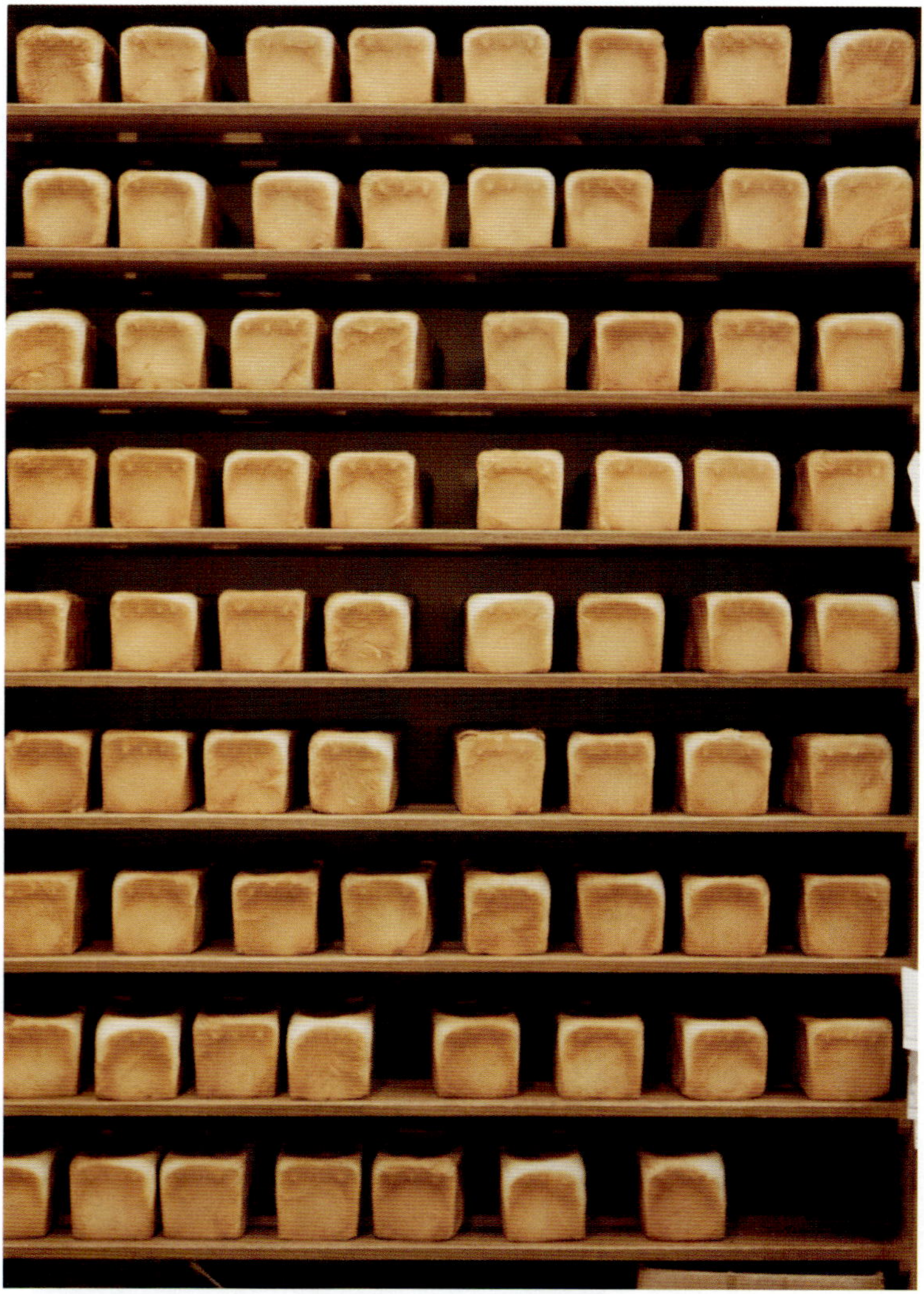

パン職人に向いている人

その人にどういう仕事の適性があるかを見極めるのは難しいんです。それは同業の人と話しているときにもよく話題にのぼります。いったい何を聞けばわかるんだ？と。面接の段階ではもちろんみんないいことを言うんです。でも実際にやってみてもらわないとわからないというのが正直なところです。

ある人は、簡単にテストすると言ってました。まずは口頭で次のように説明します。

Ａ４の紙が２枚あるので、１枚を12等分して、もう１枚の紙の上に等間隔に並べてください

これをやるとけっこうわかるそうです。

まずこちらの説明をちゃんと理解してくれるか。

単純に12等分してと言っても、すぐ折り目をつける人もいるし、どうやれば効率的に12等分できるか折り方を模索する人もいる。12等分しても並べ方が全然等間隔じゃない、何を聞いていたの？　という人もいる（笑）。

あと、このテストで器用不器用もわかるらしいです。器用か不器用かなら、もちろん器用な方がいいんですが、僕は不器用でもいいと思っています。

世の中いろんな人がいるので、器用な人もいるし不器用な人もいる。でも不器用な人が必ずしも職場に必要ないかと言ったら、そういうわけでもないじゃないですか。商品には表れないけど、職場の人間関係がその人がいるおかげでうまく回っていたりする場合もあります。

ただし、パンと会話する気がない人はダメです。どんなにやってもうまくなりません。パンは物ではないから、というのはあります。「生き物相手の商売なんだ」ってことがわかっていない人は、パン職人には向いてないと僕は考えています。

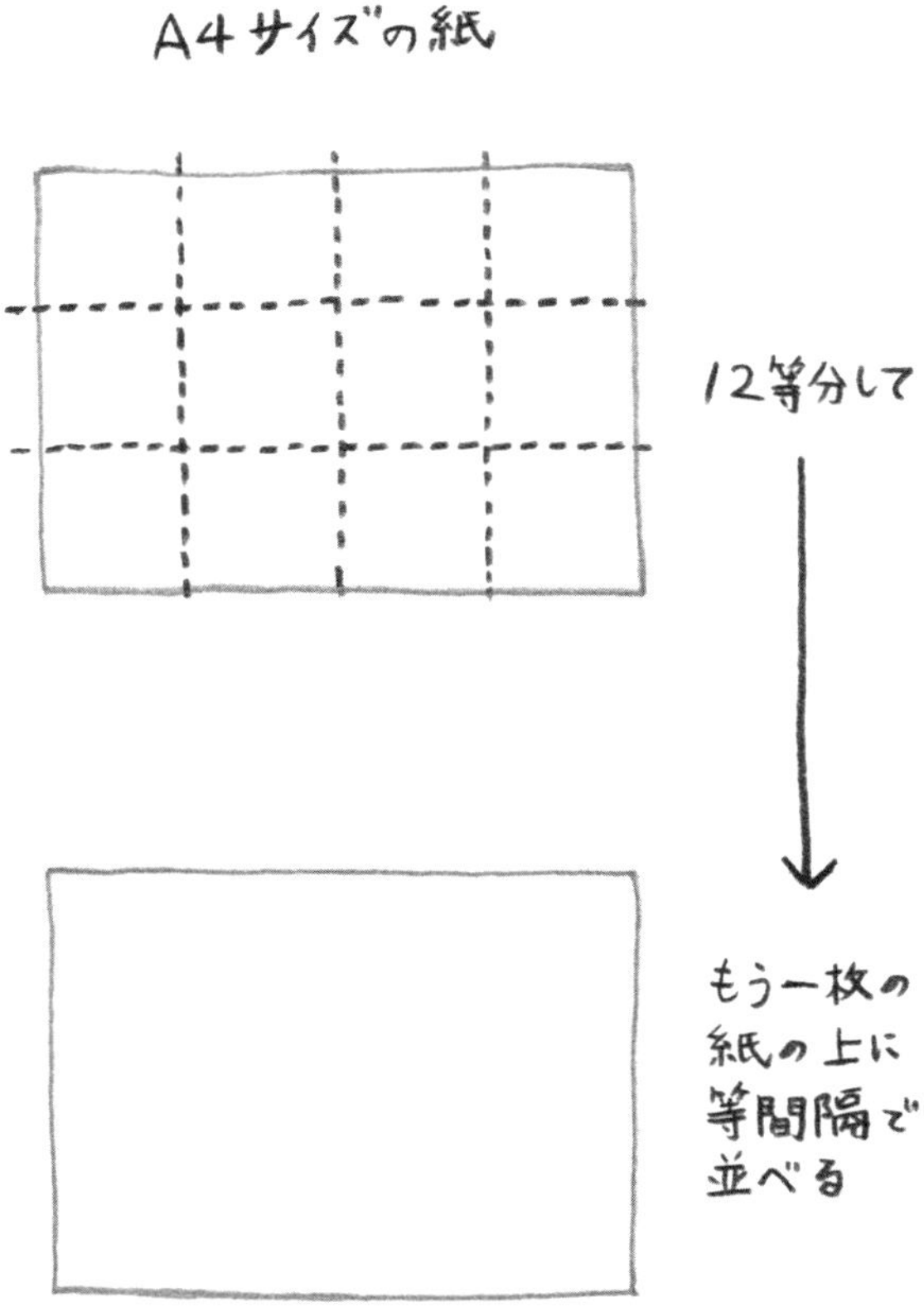
A4サイズの紙
12等分して
もう一枚の
紙の上に
等間隔で
並べる

ペリカンの一日

普通のパン屋さんはミキシングをやる人、仕込みをやる人、成形の人、分割の人と分かれています。どこもわりとそんな感じではないでしょうか。ひとりに全部任されることはあまりないと思います。

1～2年パン屋で働いてはいるけれど、窯しか任されてないから、窯しかできないという人も中にはいます。ペリカンの場合、朝番はある程度、窯担当、仕込み担当と分かれているのですが、遅番はミキシングから「焼き」まで全部やります。

朝番は朝4時前に来て、昼12時頃に上がります

遅番は朝8時頃に来て、夕方16～17時に上がります。

朝4時前から食パンの仕込みを始めて、1回目が焼きあがるのはだいたい7時前です。それと並行して仕込みをやって何回か食パンを焼いて、9時頃からロールパンを

巻きます。朝番は8～9時頃まで焼いたら、その後は遅番が中心になって仕込んだり焼いたりする体制になります。もちろん朝番も補助をやり、10時くらいから遅番が焼きはじめます。

工場に入ったばかりの人は遅番担当から始めます。朝番は気軽には任せられないんです。朝4時前に出勤することはかなり責任感を要することですから。

絶対に遅刻できないので、デリケートな人だと胃が痛くなるという話も聞きます。夜にお酒も飲まないですし、起きられなくなるから風邪薬を飲むのを躊躇する人もいます。朝8時に遅刻するのと、朝4時に遅刻するのでは話が違いますから。朝8時のそれなりに人がいる時間帯に「すみません、今日は出られません」というのはなんとかなりますが、電車も動いていない朝4時に急に「出られません」となっても、代わりはいません。その人しかいないので、遅刻したら仕事にならない。他の人全員に迷惑がかかります。だから責任は重大です。何があっても来ることが一番の仕事なんです。

だから朝番のスタッフは遅刻をめったにしません。健康管理と出勤に対する心構えがものすごくしっかりしていますから、雪だろうと嵐だろうと来ます。

パン職人の腕前

パン職人の腕前とは何かと聞かれたら、美味しいパンを毎日同じように作ることができる、というのが第一だとは思うのですが、一般的なパン屋さんでは新商品の開発力がすごく重視されます。その大変さたるや。ペリカンはそういう点ではかないません。普通のパン屋さんでは新商品を開発することが職人さんの個性を最も発揮できる場面です。自分が考えた商品がお店に並んで、食べてもらって美味しいと言ってもらえる。これはやっぱりパン屋冥利に尽きると思うんです。

そういうところで仕事の面白さみたいなものをパン屋さんは感じることができますし、いい仕事だなと思うのですが、ペリカンではそういう喜びはなかなか感じづらいので、忍耐のいる仕事だと思います。2代目は次のように言っていました。

もし、自分に10の力があるのなら、
それで100のものをつくるよりも、1つのものをつくる
（パンのペリカン公式HPより　渡辺多夫）

最近はいろいろなパンが流行りますが、流行ばかり追っていてもきりがないんですよ。それどころか、もとのところに戻れなくなってしまう。自分の方向性を見極めて、それを掘り下げていくことも大事です。一般のパン屋とは違うオリジナリティがあれば新しいマーケットも創造できるし、なにより争いごとになりませんからね（笑）。（『cafe sweets』vol.16「ブーランジェの履歴書（4）渡辺多夫」）

器用さと丁寧さ

効率と丁寧さだと、丁寧さのほうが大切だと思っています。

効率のよさは指摘すればどうにかなります。効率のよさを教えるのは簡単です。こういう風にやったほうが楽だよ、と説明できますから。

でも丁寧さというのはなかなか説明しづらい。

こうしたほうが効率的だからそうしてくださいねとは言えますよね。でも丁寧さは、その人の中では今やっていることが「丁寧」だったりします。やっている本人にとっては、既に丁寧にやっているつもりなんです。

「なんでそこまでしなきゃいけないの？」ってところから説明しなければならないので、丁寧さを教えるのは難しいと僕は思っています。

丁寧という言葉はけっこう抽象的ですからね。

わかりやすいように予約の札を作ったのはまだまだつい最近です。あれはね、スタッフの伊東ちゃんが考えてくれたの。彼女はペリカンのパンが好きで、主人が元気な頃は土曜日だけ働きに来ていたの。

主人が病気になって病院にいる頃にパートで入ってくれて今は正社員です。ペリカンのためにいいことは、どんどんアイデアを出してくれています。

年の暮れのペリカンはすごく忙しいのですが、色分けした予約伝票を夜なべして作ってくれたり、ペリカンのためにいろんなことをやってきてくれた人なんです。伊東ちゃんにも感謝しているの。ペリカンが好きでしょうがない人なの。

主人も彼女が大好きで、伊東ちゃんがいろんなことをやってくれるから助かるんだよ、面白い子なんだよ、安心してお店を任せられるって言っていました。

おかげさまで人に恵まれている、そんな感じがします。（2代目の妻・竹子さん）

味の模索

名木さんはその道45年以上のベテランなのでやっぱりパンを作るのがうまいんです。他の人と腕も違います。名木さんと他の人では、全然パンの出来が違うんです。ペリカンが配達して卸しているお店の方に「味や形が違うんだけど何かあった?」と言われたことも昔はありました。

長い間やっていると、昔は普通に使っていたのに今では使えなくなった材料がけっこうあります。それを他のものに変えると、今までと同じようにはいきません。かなり試行錯誤しないといけないのですが、そこでわずかにある正解の点を探すのはものすごく難しいです。名木さんはちゃんとそれができる人ですが、できない人のほうが多い。僕もやっぱりそんなに上手ではありません。

今は作る人による差はなるべくなくそうとしていますが、やっぱりゼロにはなりませんね。ずっと買っている人だったら、なんとなくわかるのではないでしょうか。ロールパンの巻きも単純ですけど、けっこう個人差があるんですよ。一緒にやっていると、これはAさんが巻いて、これはBさんが巻いたなっていうのがわかります。

名木ちゃんがペリカンで働きたいって言ってきたとき、なにせ主人に2度も断られているんですよ。何が気に入らなかったんですかね。昔は細くてひょろひょろしていたんです。それでまた働きたいって来たときに、当時のチーフが主人に、僕が面倒をみるからぜひ雇ってくれって言ったんです。チーフがオートバイで名木ちゃんを朝迎えに行って、帰りもまた送って、面倒をずっとみていましたよ。名木ちゃんはお父さんが蒔絵の職人さんで、細かい仕事をやっていた人なんです。主人もそのうちに「あいつはやっぱり細かいことが合っているんだ」と言うようになって最後はすごく信頼を置いていました。山崎くんもそうよね。当時は金髪だったから2度断られて（笑）。それがいまやペリカンの中心になる人材になろうとしているんです。だからね、いろんなことがすべて人に助けてもらって続いているんです。（2代目の妻・竹子さん）

ものになるには10年かかる

最近は減りましたが、一時期仕込みミスが多かったときがあったんです。以前はベテランが3人でずっと作っていたのが、今は名木を除いていっきに若返ったんです。体制が変わったばかりの頃は仕込みにあまり慣れてなくて、ミスしたりしていたのですが、最近はようやく慣れてきました。

昔の味を失わないように現在もみんなで切磋琢磨しています。

名木さんは自分に課しているレベルがものすごく高くて「いまだに俺も勉強してる」と言います。「ものになるのに10年はかかる」と言っていましたが、実際それくらいかかるのではないでしょうか。

僕はちゃんと仕事が身につくようになるまで5年はかかると思っています。「1万時間の法則（※）」という話がありますよね。週休2日で一日8時間労働として考えると、だいたい5年が1万時間なんです。僕自身、少しはできるようになったと思えたのは5年くらい経ってからです。1年ではとてもじゃないですが、やり方を覚えるのに精一杯かなと思います。

入社して3年で会社を辞める人も多いようですが、もうひと頑張りしてみたほうがいいのでは、と思います。どこかのタイミングで腰を据えてがむしゃらに働かないといけない時期っていうのが誰しもあると思うんです。でも、あんな仕事もある、こんな仕事もあると、いろんな選択肢が見えすぎる不幸というのもあるのでしょう。

僕は最終的にこの店を継ぐことが大学卒業間近に見えましたが、それがなかったらたぶんもっとフワフワしてると思いますよ。


（※）雑誌「ニューヨーカー」の記者、マルコム・グラッドウェル氏が提唱した「様々な分野の成功者たちの多くは、その分野に精通するまでに1万時間、同じことを繰り返していた」という法則。『天才！成功する人々の法則』（講談社）の中で紹介された。

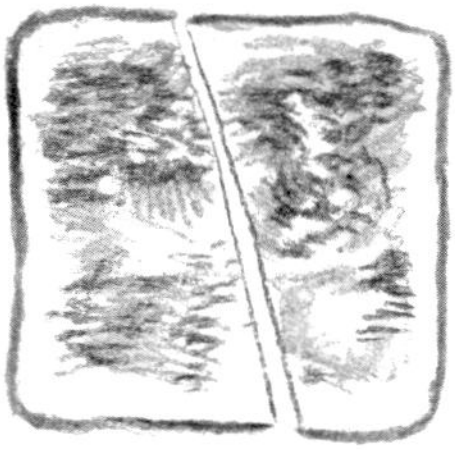

第4章

浅草とパン

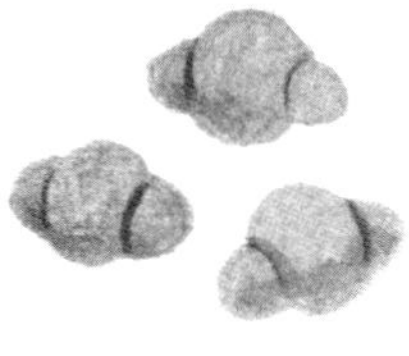

4割は「常連さん」

お客さまの層は曜日によって違います。週末と平日ではがらっと変わるんです。金土は遠方から買いに来るお客さまがけっこう多くて、平日は近所から買いに来る常連さんが多いです。半分とは言わないまでも、平日のお客さまは約4割が常連さんです。週末は2~3割は常連さんという感じでしょうか。ペリカンは場所が場所で浅草ですから、長く住んでいる人が多いんです。

毎日けっこうな数の常連さんに来ていただいていると思います。ペリカンのお客さまの基本は常連さんです。うちは「町のパン屋さん」なので。

浅草、上野周辺は自営業、家族経営が多いので外食店が多いんです。そういう面でも、いい場所で商売できているな、というのはあります。

今のお客さまは「老舗のパン屋だから」ということで来てくれる方がほとんどです。

60～70年代の頃なんてペリカンはまだ歴史は浅いし、品数も異様に少ない変なパン屋ですから、歴史を積み重ねた今だからこそという気がします。

近所の人は昔から通ってくれています。子供や孫ができてもずっと変わらずに美味しいねと言ってもらえると、本当に嬉しくてちゃんと真面目に仕事をしなければいけないなと思えます。

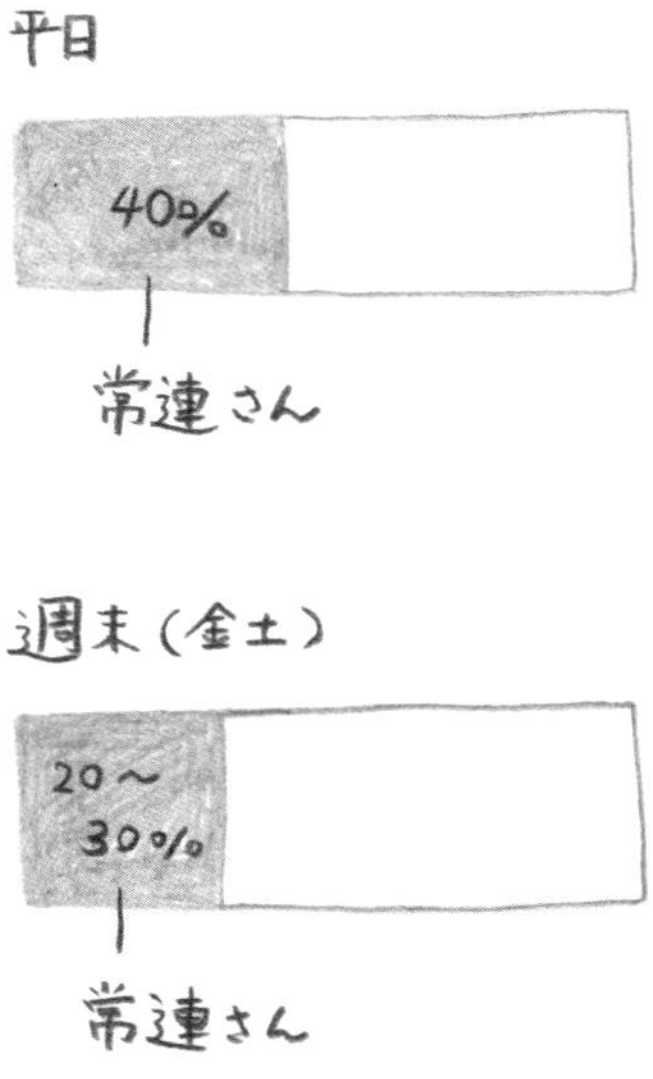

浅草のクレームは優しい

今のペリカンはお客さまといい関係が築けているように感じます。
浅草の人達はそもそも優しいんです。クレームと言っていいのかわかりませんが、苦情なんかもそんなにきつくないんです。

「最近ちょっと四角かったり、硬かったりするけど、大丈夫？
いや、いいんだよ。
また買いにくるからいいんだけど。
気になったから言っただけなんだ。また来るよ」

クレームのつけ方もこんな感じです。
うちはお客さまに恵まれていると思います。こういう場所で商売ができるというのはありがたいですよ。この場所に決めた曽祖父には感謝しています。

ペリカンは田原町にあって、浅草の繁華街からは外れてるじゃないですか。そこが卸しをするにはちょうどいいんですって。昔は人通りが本当になかったの。メインは配達だったから、朝ガラガラって来て「ちょうだい」っていうお客さまがポツポツいる程度だったのよ。（2代目の妻・竹子さん）

昭和62（1987）年のペリカンの配達風景

男性も買いやすい店

ペリカンはお客さまの層が普通のパン屋さんとは少し違うんじゃないかなと思います。華がないぶん、男の人も入りやすいのでしょう。

品物が2種類しかないので選ばなくてもいいですし、何を買えばいいかわかりやすく、買って帰ると家族にも喜ばれる。出張で東京に来て、仕事帰りにペリカンに寄って、お土産用にパンを買って帰るお客さまも多いです。

もちろん若い女性のお客さまも多く、ペリカンのパンや店構えがかわいいと言ってくださる方もいます。女の子がなぜそんなに喜ぶのか、僕にはそっちのほうが不思議です（笑）。

店構えも、卸しが中心だったのでパンがたくさん置けるように武骨な作りになっているだけで、「こうすればパンが美味しそうに見える」とか、そういう狙いがあったわけではありません。実際に美味そうには見えるんですけど、特に何か深い考えがあってやったわけではないと思うんです。

おしゃれな若い男性も来てくださいますね。それも不思議ですけど、喜んでもらえるなら僕はうれしいです（笑）。

小さな子ども達も、意外とペリカンのパンが好きなんです。菓子パンじゃなくていいの？　と思いますけどね（笑）。小ロールを何も付けないで、店先でパクパク食べているんですよ。

小っちゃい子がお母さんと一緒に来て、「ロールパンがいい！　ロールパンがいい！」と言ってくれたりします。

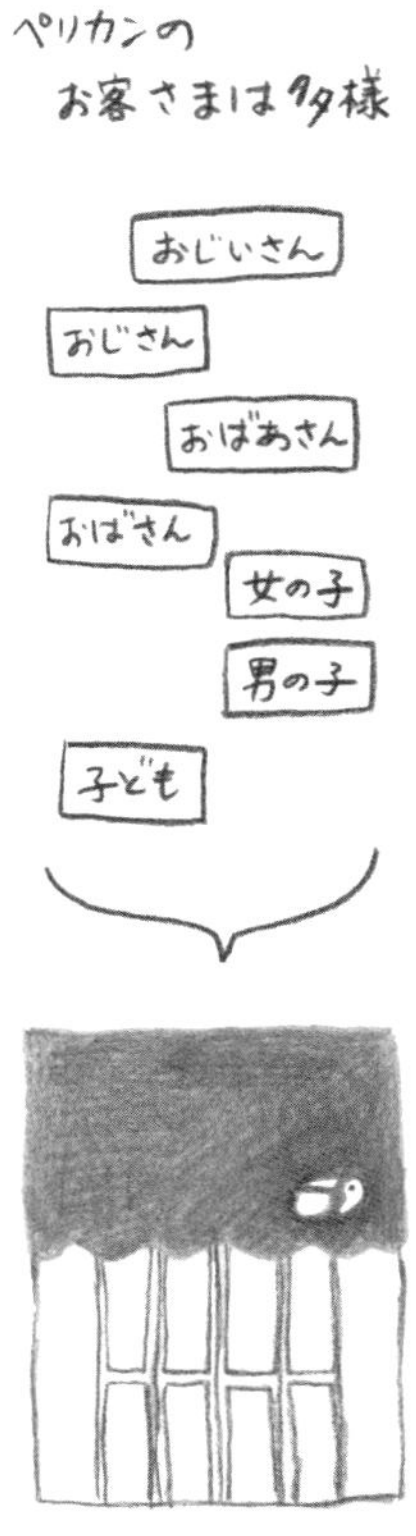

歴史はあるけど新しい

ペリカンは「浅草にある」というところが大きいです。郊外のパン屋さんのように地域の社交場になっているという感じではないですが、ペリカンはちょっとした観光名所になっているのかなと最近感じます。特に週末は、浅草や合羽橋に遊びに来たついでにペリカンでパンを買うという遠方のお客さまがけっこういらっしゃいます。

浅草は歴史のある町ではありますが、あんまり大仰な感じとも違います。浅草の人達は楽しいことが第一で、あまり伝統や形式を重苦しく考えない。押さえるところはきっちり押さえますが、ノリはけっこう軽かったりします。

最近、町内会のみんなで三社祭の歴史を勉強する機会があったのですが、三社祭は江戸三大祭には入っていないってご存知ですか？　神田祭と深川祭と山王祭が三大祭なんです。なぜそこに三社祭が入らないのかと言ったら、徳川幕府に三社祭は認められていないらしいんです（※）。

もともとモダンな町ですし、歴史があると同時に新しいものを取り入れていく気質は、この辺がすべて震災と戦争で焼けた過去があるということも関係があると思います。パンも基本的に舶来のものなので、その新しい雰囲気が浅草にけっこう合っていたのでしょう。

そういった浅草のイメージ、歴史はあるのだけどそれをさほど前には出さず、かといってないがしろにするでもなく、時代や人々の変化に柔軟に対応していく町の姿は、なんとなくペリカンのイメージと合っている気がします。

歴史はあるけど新しい。新しいけど歴史がある、という感じでしょうか。


（※）神田祭の神田明神は江戸の総鎮守の神社なので、江戸時代は祭の行列が江戸城内に入り将軍に拝謁した。山王祭の赤坂日枝神社は皇城の鎮・東都鎮護の社として徳川家が祈祷していた。富岡八幡宮の深川祭は徳川家綱が生まれたときにその成長を祈って行われた祭が始まりであるため徳川家と縁がある。山王祭と神田祭を「天下祭」とし、それに深川祭をあわせて江戸三大祭とされる。

自営業が多いので外食店も多い

浅草の人達は、気持ちが若いです。特に男の人達は子ども心を忘れていないというか、なんというか……無邪気です（笑）。

浅草は他の地域に比べたら自営業主、家業をやっている人が多いので（※）、親の代からの店があって、子どもが継ぐというケースが他の地域に比べると多いです。

自営業をやっていると地元の人との付き合いが多く、つながりも自然と密になっていくので、気持ちも若いままでいられるのではないかなと思います。

浅草は基本的に、観光客がたくさん来る場所なので、店はとても助けられています。

現在、都心でもシャッター街が増えていますが、他の町だったらなかなか浅草のようにはいかないでしょう。活気のある町で商売ができるというのは本当に幸運なことだと思います。

（※）台東区は自営業主の割合が14・1%、家族従業者の割合が6・2%で共に23区内で1位である。老年人口比率は24・2%で、北区に次いで2位。ほぼ4人に1人が老人である。出生数は7・1%で低いほうから5番目。しかし2009年中の人口増加率は1・4%で23区中第4位の高さである。ただし高齢者の就業率を比べてみると、台東区が2位で42・8%、北区は23区最下位の24%で、台東区は自営業主が多いせいか高齢者でも仕事に就いている人が多い。

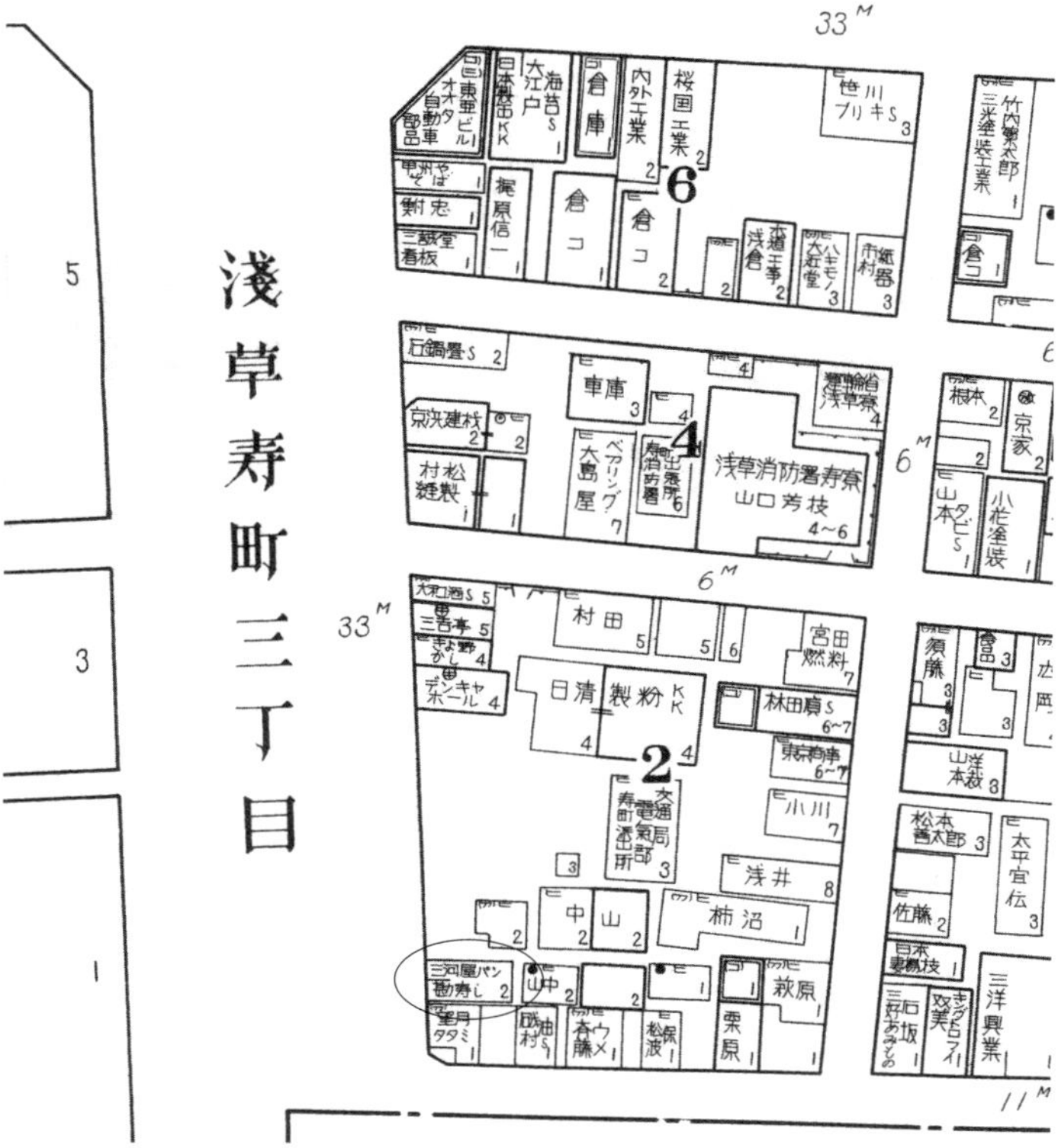

昭和20年代後半頃の火災保険地図の寿4丁目（当時の住所は浅草寿3丁目）。「三河屋パン」がペリカンの前身。デンキヤホール、磯村油店は現在も営業中

第5章

100歳のペリカン

堅実で地味なパンは不況の時代に強い

「堅実で地味なパンは不況の時代に強い」と2代目は言っていました。

今後はわかりませんが、これまでについてこの予測は正しいと思います。

ペリカンはむしろ不況になってからのほうが売上はよくなったという話はしていました。

不思議なもので味覚も保守的になるのでしょう。今もやっぱり社会が保守的だから、食パンが売れています。みんな身近にあるものを大切にしようという考え方になるのでしょうか。ペリカンもなんとかそこに食い込めたのでよかったです。

ペリカンとはちょっと毛色が違っていますが、今、東京や関西に食パン専門店が増えています。僕も食べましたが、どこも美味しいです。そしてどの店も、単に食べ物を買いに行くだけの場所ではなくて、その店なりの面白さや楽しさを工夫しています。

ではペリカンはどこで一番差別化できるのか。それは続けてきた時の長さ、「歴史」だと思っています。

時間の長さは真似できないですからね。時間はみんなに平等なので。ペリカンはそこを大切にしていきたいと思っています。

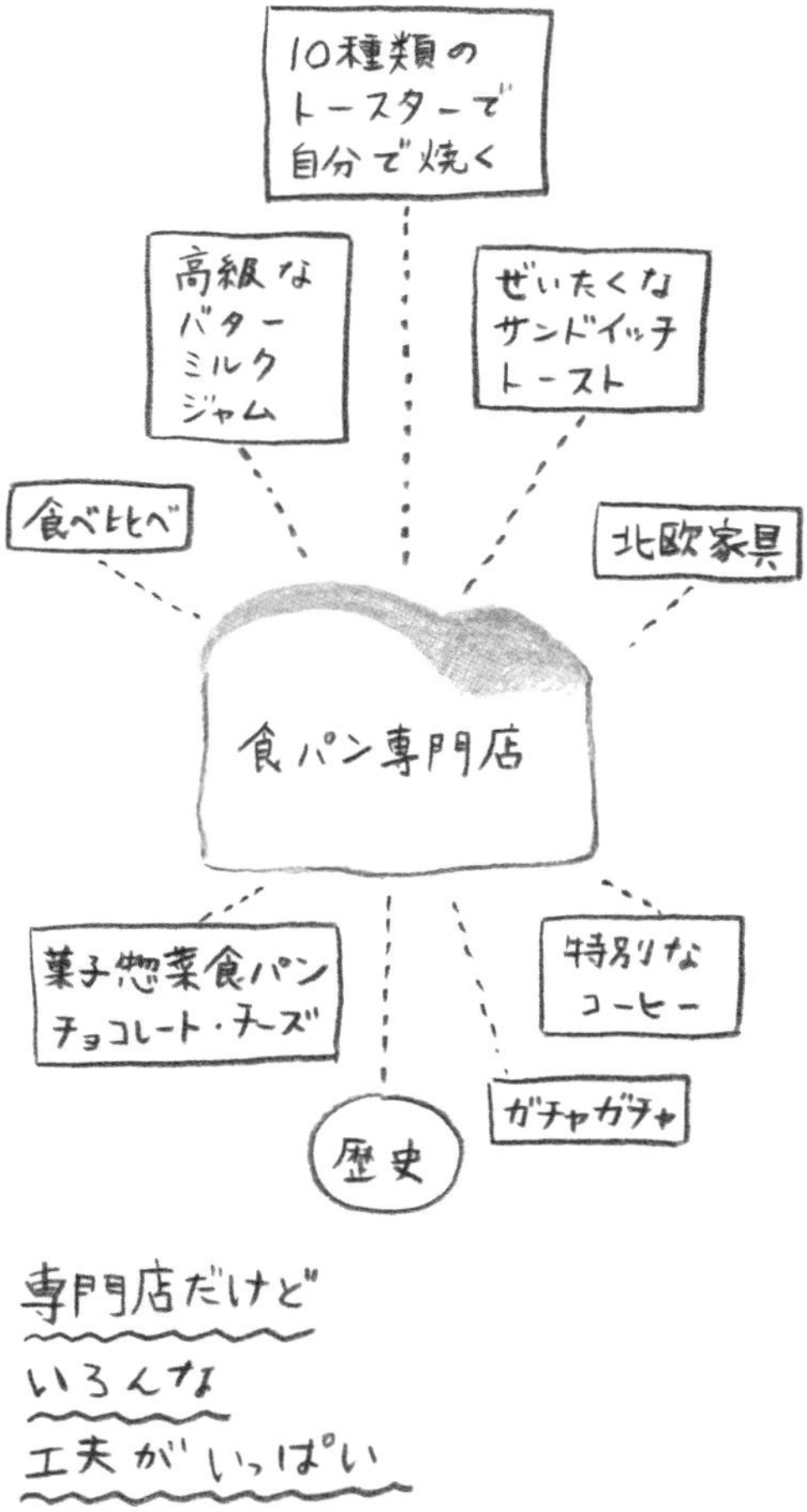

空前のパンブームを支える高齢者

僕はいい時代に生まれたなと常々思っています。確実に時代にも助けられてます。なぜこんなにパンが大人気の時代なのかというと、高齢者が増えたからというのが、僕は一番大きいと思うんです。

パン好きな人は、若者より高齢者に多いと感じます。

そもそも高齢者が全体の人口に占める割合が高いので、これからものを売ろうと思ったら、まず高齢者を視野に入れないと飲食店はなかなか商売として成立しません。

まず、年を取るとごはんを作るのが面倒になります。パンならば買って来て食べる、それだけなので簡単です。食パンを買ってくれば、切ってトースターに入れるだけで食べられます。米は研いで、炊飯器に入れて炊かなければ食べられません。

パンは栄養価も高いし消化もいい。

それと、ごはんは外へ手軽に持っていきにくいです。おにぎりにすればいいのですが、パンほどの手軽さでどこかへ持っていって食べるということは難しいです。そういう利便性の面ではパンのほうが優れています。

パン好きな人は女性が多いですが、ペリカンのお客さまは他のパン屋さんに比べると、中高年のおじさんが多い。おじいちゃんも来るんです。男性でも入りやすいからでしょうね。僕も青山のオシャレなパン屋に入るのは、少し尻ごみしますからね（笑）。すごくラフな服装でいらっしゃるお客さまもいます。それ、寝間着では？　という方も（笑）。ペリカンはそれくらい気楽な感じで来ても買えてしまうパン屋です。

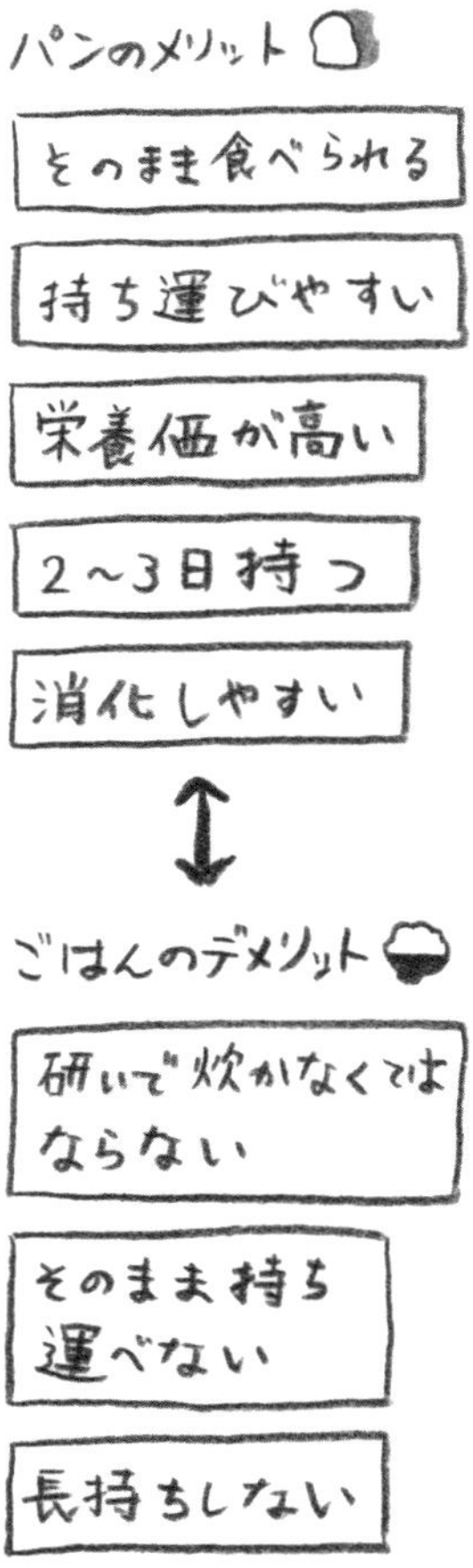

パンのメリット
そのまま食べられる
持ち運びやすい
栄養価が高い
2～3日持つ
消化しやすい
ごはんのデメリット
研いで炊かなくてはならない
そのまま持ち運べない
長持ちしない

継いで後悔したことはない

僕がペリカンを継いだ理由は、せっかく2代目が頑張ってここまで続けてきたペリカンを、継ぐ人がいないからというつまらない理由でなくしたくないなと思ったからです。

ペリカンを継がなきゃよかった、と考えたことはほとんどないです。そもそも他に「この仕事をやりたい！」と強く思ったこともないからかもしれませんが。

パン屋の仕事で満足していますし楽しいです。あの仕事に就けたらよかったな、というのはないですね。

いざ、社員を管理するときに、やり方が手探りだったので、もうちょっと外の企業を見ておけばよかったなとは思います。どういう風にみんなやっているんだろう、と気にはなりますね。

学生時代からの友達はＳＥの仕事をやっている人がけっこう多いです。ＳＥのものの考え方はすごく合理的なので参考にすることもあります。パソコンで管理する仕事も増やすようにしました。

僕はなるべくなら外に出ようと思っているんです。パンの味を守るのは僕の仕事でもありますが、基本的には職人さんの仕事だと思っています。僕の仕事は、ペリカンのパンの美味しさや魅力を、たくさんの人に伝えることだと考えているんです。こう言うと少し生意気な感じがして、あまり好きではないのですが、ただ、同業の方の話を聞くと、世の中にはこんなに優秀な職人さんがいっぱいいるんだな、勝てないなってまず思うんです。あまりにもすごい職人さん達とは、パンの腕では勝負できないので、僕はそこでは同じ土俵に上がらないように気を付けています。

それでも美味しさの追究に妥協はしません。売り方や宣伝が優れていても、商品が不味かったら、それは売れませんから。

お客さまは不味いものは不味いとわかるので、商品力があってこその宣伝力、プロモーションです。美味しさは何よりも大事にしていきたいです。

これからのパン屋はもっと厳しい

パン屋は厳しいですよ。これからどんどん減っていくと思います。5年、10年後の景色がどうなっているか全然わかりません。

正直な話、今の食パンブームはバブルみたいなものですから、これからどんどん減るのは確実でしょうね。

ペリカンもどうなるかわかりません。10年先は全然わからないです。僕はせいぜい5年先のことしか考えられないので、10年経ったらどうなっているか怖いですね。

美味しくて儲かっているのに、人手がないからやめる店もいっぱいありますから。人口が減っていくというのは、そういうことなのだと思います(※)。人手が足りないのは、浅草がややアクセスが悪いというのもあるかもしれません。

（※）総務省の発表した平成28年版情報通信白書における、国立社会保障・人口問題研究所の将来推計（出生中位・死亡中位推計）によると、２０１０年の総人口は１億２７０８万人。これからの総人口は２０３０年には１億１６６２万人、２０６０年には８６７４万人（２０１０年人口の32・3％減）にまで減少すると見込まれており、生産年齢人口は２０１０年には８１０３万人だったのが、２０３０年には６７７３万人、２０６０年には４４１８万人（同45・9％減）にまで減少すると見込まれている。

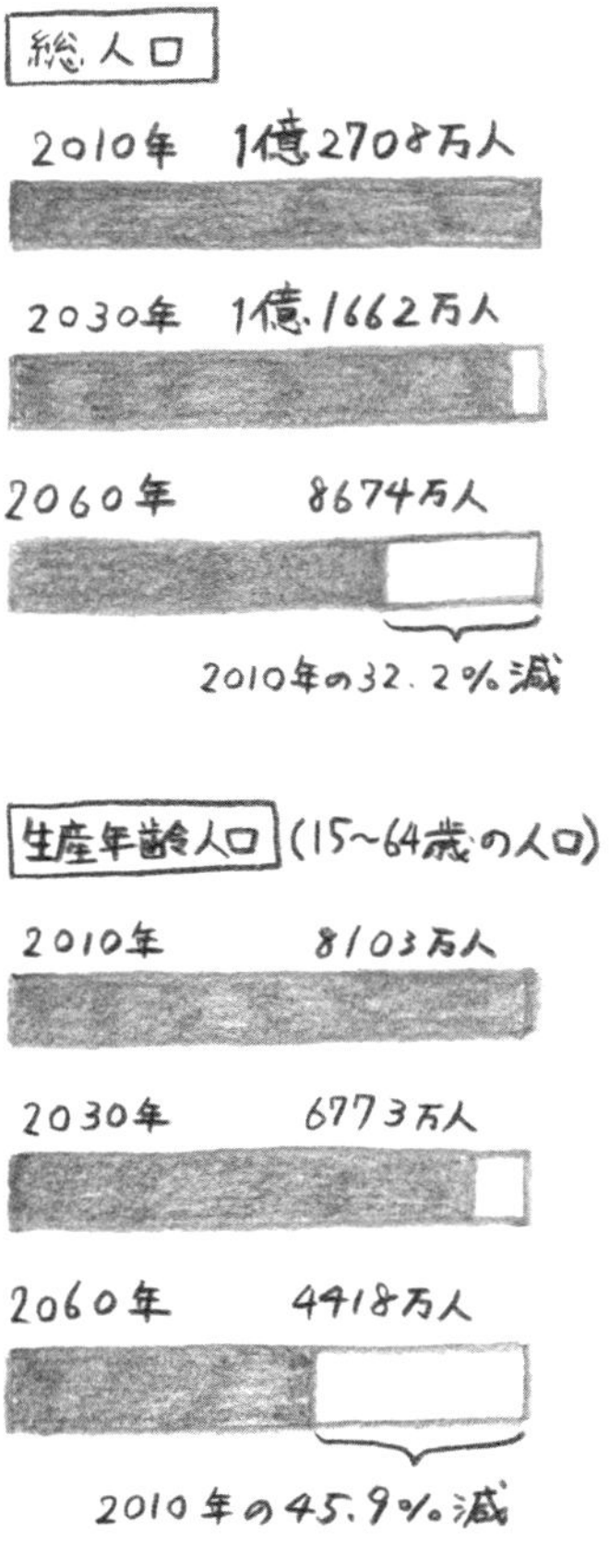

人が足りない時代

浅草は観光客が多いわりにはアクセスが悪いんです。

観光では来るのですが、この辺りに通勤や通学では人が集まらないので、どんどん時給が上がっています。忙しいわりには人が来ないから時給を上げるしかありません。でも時給を上げても来ないので、どうにもならない。だから、働き手の取り合いです。

お客さまもたくさん来ていて人気もあったのに、人手がないから廃業しますという店がいっぱいあるんです。

儲かっていないところから潰れていくのは当然なのですが、これからは働いてくれる人がいないから店がなくなっていく、というのがどんどん増えていくでしょう。

パン屋さんでも、もっと人手があれば売れるのに、働いてくれる人がいないから商品を作れなくて赤字になっているという店があったりします。

作っているパンは美味しいのに、作る人が足りないから店を続けられないというのがあるんです。

そういう中でペリカンは今、本当に好調だなと感じています。浮かれないようにしないといけませんよね。真面目にやっていけたらなあと思っています。

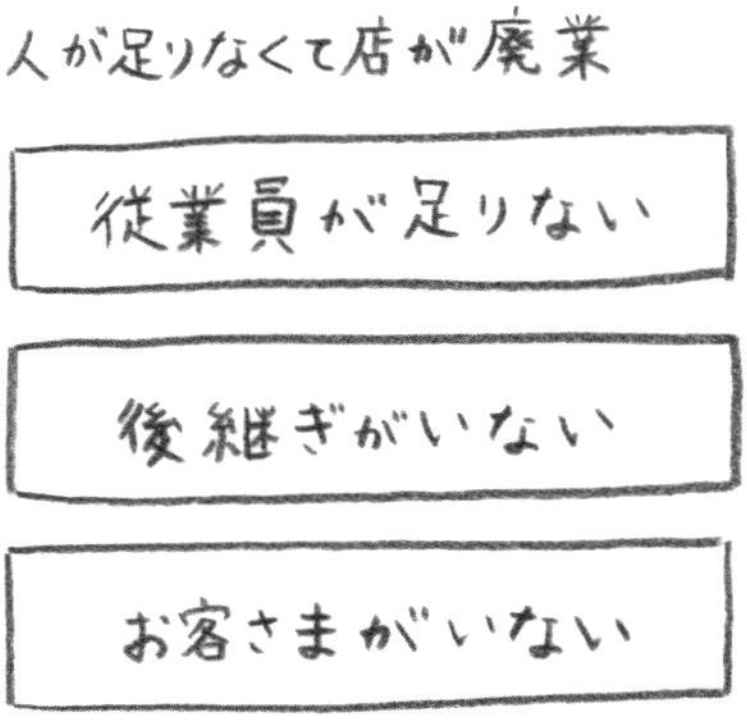
人が足りなくて店が廃業
従業員が足りない
後継ぎがいない
お客さまがいない

100歳のペリカン

今ペリカンは75歳です。100歳のペリカンはどうなっているのか。

2042年ってことですよね。僕はその頃、55歳です。

ペリカンは作るものはずっと同じですが、商売のやり方は、けっこう変えているんです。最初は惣菜パンも菓子パンも作る普通のパン屋をやっていましたが、途中で卸し中心にして小売は控えていましたし、そのやり方がきつくなったら、小売に軸足を移しました。

今はちょっと休止していますが、宅配で遠方にも届けられるように、いわゆるお取り寄せサービスもかなり早めに、80年代から始めました。

お店のスタイルは変わっていないですが、お客さまへの届け方はけっこう時代によって変えています。販売のやり方でペリカンは時代の波を乗り越えてきました。

2017年8月に新しくオープンした直営カフェもその一貫で、僕の行こうとするところは、新しいクリームパンやカレーパンを作るとかではないんです。それはやりたくない。万が一また経営が厳しくなってきたら、また売り方を工夫してどうにかやっていきたいと思っています。

今はやめてしまっている宅配も、人手が足りないので当面は休止せざるをえないのですが、どこかのタイミングで再開したい考えもあります。遠方の方にもうちのパンを届けたいですし、手土産として使っていただきたいです。もちろん商売として成立しないと厳しいというのはあるのですが、利益を求めるだけが仕事ではないというのがペリカンの考え方です。

単純に人に喜んでもらうというのも仕事の大切な要素であることは忘れてはいけないと思っています。

私はぐうたらだったんで（笑）、2代目の多夫さんがいたから真面目になれたのかなと思いますね。親父さん（多夫さん）が喜んでくれりゃと思って一生懸命やっていましたよ。親父さんは絶対に怒らない。私は1回も怒鳴られたことはないです。だから私も後輩を怒りません。怒鳴る人は世の中に腐るほどいますが、怒鳴ったら人は萎縮しちゃいますから。やっぱり人は人を好きにならないとね。そしたらその人のために一生懸命頑張るじゃないですか。そしてなんでも感謝が大事。お客さまに対してもです。美味しいって言ってくれる人がひとりでもいれば、やっぱり嬉しいんですよ。私達は。

多夫さんが亡くなる少し前、1週間くらい毎日電話がかかってきて、感謝の言葉とお店のことを頼むといっぱい言われました。だからペリカンのパンを愛してくれる人がいる限り守っていかないと天国の親父さんに怒られちゃうんで、今は若い人達が育つのを後ろから見ているんです。4代目には会う度に「もっとビッグになれ」と言っています（笑）。職人を育てて少しずつ地道にやって、4代目がもっと店を広げてくれたらいいなと思います。初代も2代目もそれをやった人ですから。夢は大きいほうがかっこいいじゃないですか。（名木広行さん）

第6章

ペリカンとわたし

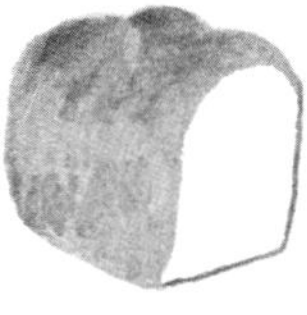

私の好きなパン

平松洋子

豆腐とパンは近所で買いたい。居酒屋とそば屋も、わざわざ電車に乗って訪ねていくのではなくて、散歩のついでにふらっと寄るくらいがほどよくていい。

でも、そんな気持ちをあっさり振り捨てたくなるときだって、ある。わたしにとってその筆頭株こそ、浅草「ペリカン」のパン。

たいてい浅草から歩き、寿四丁目の交差点に近づく。

(もうすぐ見えるぅ)

いつもの風景に、まいど浮き足立つ。

赤いテント屋根。白抜きのペリカンのマーク、カタカナの「ペリカン」のロゴ。すぐ隣には都バスの浅草寿町車庫。

がらりと扉を開けたときの景色も、いつもぜんぜん変わらない。まるで図書館の書架みたい。右の壁いちめん、木の棚に食パンがきっちり整列している。すぐ奥の工場で朝がた焼き上げたパンが運びこまれて、いっせいに顔見せ。パン屋というより、肉屋とか魚屋とか豆腐屋に似ています。とびきりイキのいい生鮮食品をあつかう店だけに漂う、あのぱりっと潔い清廉な空気。ちょっと身が洗われるかんじに、訪れるたび反応してしまう。

「ペリカン」のパンは三種類だけ。食パン、ロールパン、バンズ。見たところ、変わったところはなにもない。でも、食べてごらんなさい。びっくりします。けっして忘れられない味の食パン、ロールパン、バンズ。

表面はパリッと香ばしく、生地はむっちりもちっ。噛むと、ぐーっと引きがある。おいしさの密度が濃いのだが、かといって媚びてこない。「わたしはこういうパンです」。きっぱり宣言して、なににも動じない。骨太で、男っぽくて、輪郭がはっきりしている。謹厳実直で、でも不器用なところもあって、そういうあれこれにぐっときてしまうのだ。

創業は昭和二十四年と聞く。当初はいろんな種類のパンもつくっていたらしいけれど、二代目が引き継いだのち、きっぱり三種類だけに決めた。せまく、ふかく、いつもの味を毎日おなじように。ロールパンの生地も、いまだに手巻き。浅草を歩いていると、ペリカンの車がとことこ往来をゆくのを見かける。長年ここのパンを贔屓にしている近隣の洋食屋や喫茶店へ配達しに走っているのだ。

食パンをこんがり焼き、このときとばかりバターをたっぷり塗っておおきな口を開け、えいやとかぶりつく。久しぶりの味に「ああやっぱりこれだ」と目を細めながら、なぜだろう、あの「ペリカン」の配達車が往来を走るすがたを思いだしてしまう。このおいしさは、ただおいしいのとはわけが違う。波が引いてもまた押し戻してくるたくましい食べ心地、その芯にあるのは浅草で鍛えられ、愛されてきた土地の味だ。

それにしても、「ペリカン」のパンは憎い。わざわざ地下鉄に乗って買いに行きたくなるのも、困る。帰りの座席で、ひざに乗せた袋のなかに手を伸ばして食べてしまいそうになるのも、困る。明日の朝トーストするまで待てず、それも困る。なにかこう、すきになってはいけない男に焦がれているような気持ちにさせられるから、そこもおおいに困る。

（「dancyu」2010年10月号）

平松洋子（ひらまつ・ようこ）
エッセイスト。岡山県倉敷市生まれ。東京女子大学文理学部社会学科卒業。食文化と暮らしをテーマに執筆活動を行う。『買えない味』で第16回Bunkamuraドゥマゴ文学賞受賞、『野蛮な読書』で第28回講談社エッセイ賞受賞。『夜中にジャムを煮る』『おとなの味』『サンドウィッチは銀座で』『ステーキを下町で』『ひさしぶりの海苔弁』『食べる私』『彼女の家出』『あじフライを有楽町で』『日本のすごい味』など、著書多数。

（注）現在は食パンとロールパンの2種類のみ販売しています。創業は昭和17年、独自のパンを焼きはじめたのが昭和24年頃ですが、雑誌掲載当時の原稿のまま掲載しています。

父の故郷、台東区寿4丁目まで、パンを買いに

甲斐みのり

「台東区寿4丁目18番地3号」。

テレビで浅草のニュースが流れてきたり、父娘二人で浅草へ出かけたときも。どこからか〝浅草〟と聞こえてくればすかさず父は、自分が生まれた所番地を歌うように反復する。台東区寿4丁目は、パンの「ペリカン」の所在地でもあるから、自分のルーツでもある場所のすぐ近くにあるパン屋に、味だけではない親しみを長年密かに感

じてきた。

ついさっき東京の住居表示を調べてみたところ、昭和39年まで寿4丁目という行政地名はなかったようで、正確な生まれを尋ねるため静岡の父に電話をかけた。すると「そうだ、確かに住所の表し方が変わって、あるとき寿4丁目に変更されたんだった。でも元の町名や番地をすぐに思い出せないなあ」という答え。もう70年以上前のことだから、どうやら記憶も曖昧らしい。台東区寿4丁目18番地3号は、母との婚姻届に本籍地として書き込んだ住所だから明確に覚えていたようだ。その住所が今も存在しているのか地図検索サービスで調べてみるも不思議なことに表示されない。「何十年も前に、兄貴に生まれた家があった場所へ連れて行ってもらったけど、ビルが建っていて跡形もなかった」と言っていたが、父が浅草で暮らしたのは5歳まで。家族や稼業、隣近所の記憶はあっても、細かな街の様子まで覚えていないのは当然だろう。

父が生まれたのは、浅草で陸軍の戦闘帽を扱う「辰巳屋」という帽子屋。昭和20年3月10日・東京大空襲の日に、何もかもが一変したという。「おばあちゃん（父の母）は子どもをリアカーに乗せて必死で逃げた。お父さんたちとは反対方向、隅田川の方へ向かった人たちのほとんどは亡くなってしまった。お父さんもほんの少しの違いであのとき焼夷弾に巻き込まれていたかもしれない。でもこうして生きている。だからね、お父さんの5歳以降は余生だ」。愛おしそうに懐かしそうにひとしきり浅草の話をしたあと、必ず父は生き方を変えた〝あの日〟を続けて語る。戦争で故郷・浅草を離れることになったのは、幼いながらとても大きな出来事だったろう。その後、常に〝今〟を〝余生〟と表すほどに。なおかつ浅草生まれという誇りは老いても変わらず持ち続け、あのとき自分たちと逆に向かった人の分まで、まっすぐ、頑固に、妥協なく、潔く、楽し気に生きてきたのだと思う。

「パンのペリカン」が「渡辺パン」として創業した昭和17年は、戦時中の混乱したさなか。そんなときだからこそ、ふっくらお腹を満たしてくれるパン屋は、ほっと輝く光で浅草の町を照らしただろう。5歳までの父は住み込みの帽子職人さんたちに可愛がってもらっていたというから、もしかすると近所で作られた渡辺パンのパンを口にしていたかもしれない。祖父母がもし生きていたら、何より聞いてみたいことだ。

日本人が朝食や昼食に、あたりまえにパンを食べるようになったのは戦後から。終戦を迎えた翌年の昭和21年以降、学校給食の実施にともない、給食用のパンも作るパン屋が各地に増えていった。今よりも物資が豊かではなかった時代、子どもたちは成長期にパンを食べて育っているからか、昭和22年生まれの母はひときわ、パンに特別な思い入れを抱いている。

戦後、渡辺パンは店名を三河屋パン、さらにペリカンに変え、作るパンを食パンとロールパンにしぼって喫茶店やホテルへの卸しに転向している。日本が豊かな時代になるにつれ、浅草にも多くの喫茶店が誕生し、コーヒーに合う軽食メニューをペリカンが支えた。東京大空襲で焼け野原になった浅草が賑わい活気を取り戻してきたとき、喫茶店で味わうコーヒーとトーストは、ささやかだけれどとてつもなく大きな幸せで、心に贅沢や平穏をもたらしたに違いない。

特別な存在というよりも、毎日の食事にあたりまえに寄り添うパンを焼くパン屋は、その町の人に愛されなければ決して長く続かない。私には、浅草あるいは台東区育ちの友人・知人が何人かいるけれど、みな必ずいつでも自転車で買いにいける距離にペリカンがあることを誇らしげに話す。「私もペリカンのパンが好き」だと言うと、会うたび買ってきてくれる人もいる。こんなふうに、浅草っ子・台東っ子の偉大な愛情がじんわりじんわり東京中に広がって、わざわざ電車に乗って浅草まで、パンを買いに来る人が増えていったのではないか。

私は「地元パン」と名付け、その土地土地に根付くパンを研究しているけれど、ペリカンの食パンとロールパンは間違いなく、東京の地元パンの一つだ。コーヒーや喫茶店を彩る味。毎日食べて飽きない味。アレンジ自在の味。求める人の数だけ物語が詰まった味。

ペリカンのことを考えていたら父にも食べて欲しくなり、いっとき筆を休めて、食パン一斤、ロールパン1袋を買いに浅草まで出かけて、その足で静岡へ送ってきたところ。父はパン袋の「寿4丁目」の文字を、愛おしげに見つめ、懐かしさを噛みしめるだろう。母もパン好きの娘のために食パンを焼いた毎朝を思い出すだろう。

甲斐みのり（かい・みのり）
文筆家。1976年静岡生まれ。大阪芸術大学卒業。旅、散歩、お菓子、手みやげ、クラシックホテルや建築など、女性が憧れるモノやコトを主な題材に書籍や雑誌に執筆。『一泊二日 観光ホテル旅案内』『はじめましての郷土玩具』『地元パン手帖』『全国かわいいおみやげ』『お菓子の包み紙』など、著書多数。

第6章

ペリカン、きつね色

鈴木るみこ

ペリカンにはひさしく行けていない。

最後に行ったのは、おそらく五年以上も前のことになる。

浅草で仕事があり、帰りに寄って食パンを買うことを朝から楽しみにしていた。明日の朝食はペリカントーストだ！　心を躍らせながら仕事をすませて店に向かう。そのときすでに、全国から取り寄せが殺到する大人気店になっていることは知っていたのに、わたしの読みは甘すぎた。昼すぎにして、パンはすべて売り切れていたのだ。

パン屋にパンがない？　しかし棚の一角には焼きたてと見受けられるパンが並んでいる。それを指さし、おずおず尋ねると、すべて予約済みか発送用のものだという。スタッフは若い人ばかりだった。『イノック・アーデン』は、その後どうなっているのだろう、「うちは予約があたりまえですけど、何か？」と言われたような気がして、少し悲しくなったわたしは、救いを求めるかのように十数年前の取材時にお話を聞いたご主人を探して目を泳がせたが見つからない。お顔の記憶はおぼつかないが、店名の由来を話してくださったときにピュッと突き出した、口もとの動きは鮮明に憶えている。往来で軽い立ち話のように話を聞いた。19世紀の英国詩人テニスンを引いて店のなりたちを説明するあたり、ただものではない（20ページ参照）。

味へのこだわり等、聞くべきことはほかにあったが、わたしは〈ピュッ〉と〈テニスン〉だけで、この店の唯一無二性がわかったと満足してしまった。店は人である。味はエスプリである。当時から朝の行列はできていたと思うが、開店中に来た客が目の前にあるパンを買えないという矛盾はなかったのではなかろうか。わたしは基本的にパン屋は近所の人のものだと思っている。おいしいパンを食べるために、通信販売で取り寄せたり遠くから足を運ぶ巡礼も楽しいが、どこか違和感を否めないのは、わたしが美味求道の士ではないからだろう。すてきなものとは、なだらかな関係を結んでいたい。だからこそ、ペリカン界隈に住む人が心から羨ましい。それこそ日本に皮がカリッと焼けたおいしいフランスパンのなかった時代、眠い目をこすりつつ焼きたてのバゲットを買いに行き、道すがらちぎって頬張るというフランス映画でよく見た行為がしたいがため——端的に言えば——に会社を辞めて渡仏した愚か者としては、毎朝のパンは、小銭を握って、ほかほかを買いに行きたいのである。

二〇〇〇年刊の『スマイルフード』の頃、ペリカンはすでにパン愛好家のなかでは有名な店で、わたしは本か何かでその存在を知ったように思う。当時「P」という雑誌で、食通でないにもかかわらず「おいしいニュース」なる連載をさせてもらっていたわたしは、食の情報本で必死に勉強をしていた。食品輸入の幅が広がった世紀の変わり目。あの時代が、いまのフードブームにつながる食ブームの黎明期だったと感じている。ペリカンは、イラストで紹介された記事を読み、その名とマークに惹かれて店に行ってみた。造りは今も同じかわからないが、厨房、木棚、帳場と卸問屋のように飾り気がなく、帳場的なカウンターで注文をすると、棚から持ってきて包んでくれる。その頃から愛想はなかったが、職人的無愛想は好感がもて、年期の入った飴色の木棚にきつね色の食パンとロールパンだけが並ぶ眺めのいちいちがかわいかった。なによりわたしは食パンのサイズが好きだ。標準の七分目くらいか、持ちやすく食べやすい。あれを多少厚切りにしてトーストする。バターをのせて、はちみつをたらす。先達を倣いつつ進化する日本のフード業界において、あのサイズを真似た食パンがでてこないのは不思議である。

『スマイルフード』は「おいしいニュース」を再編集するというのが（お金もかからず）出版社側の希望だったが、ニュースは旬もの、再出した時点で新鮮さは消えていると、ゼロから作ることにしてしまった。非凡な舌や独自の美意識をもつ人たちが個人的ごちそうを披露する本。その序文にも書いたが「おいしい」の答えはひとつではない。焙煎家の友人が昔よく言っていた、「素敵な店のコーヒーはたいていマズい」と。誤解されやすい言質だが、あえて説明は控える。「素敵」の基準も人それぞれなら、「素敵じゃないから素敵」という天の邪鬼回路も存在する。いま思えばわたしは、この本で、焙煎家氏の言わんとするそういった感覚をなんとかかたちにしようとしたのかもしれない。絶対的な「おいしい」の一方に、あいまいで自由で個人的な「おいしい」があって、そのぶん人生は楽しくなる、畢竟、笑顔になれればそれでいいではないかと。

ペリカンは、14人の紹介者の頁のあいまにはさんだGOOD MOOD PLACES（なんて下手くそなネーミング。恥ずかしや）と銘打ったコラムで紹介させていただいた。雑誌連載時は食パンを切り抜きで掲載したのだが、志と歳月が磨いた稀なる空間も味わってほしかったのだ。同じ括りで、やはり大好きだったが、いまは閉店してしまった神戸の喫茶店コットンも紹介させてもらった。タンゴのレコードがいつもかかっている小さな店だった。思えば偶然にもこの店名も、ご主人の青年時代のニックネームだったのだ。ペリカンさんにコットンさん。ふたりとも、どこか日本人ばなれしたチャーミングな紳士であった。

テニスンの『イノック・アーデン』、いまさらながら読んでみようかな。

鈴木るみこ（すずき・るみこ）
編集者・文筆家。出版社勤務を経てフランスに遊学、帰国後フリーランスとなり、翻訳、編集、執筆活動に従事。編著に『スマイルフード』『パリのすみっこ』『きれいな心となんでもできる手』『Japon vu de l'intérieur』、共著に『O KU 内藤礼|地上はどんなところだったか』『糸の宝石』など。

（注）現在、通信販売は休止しています。

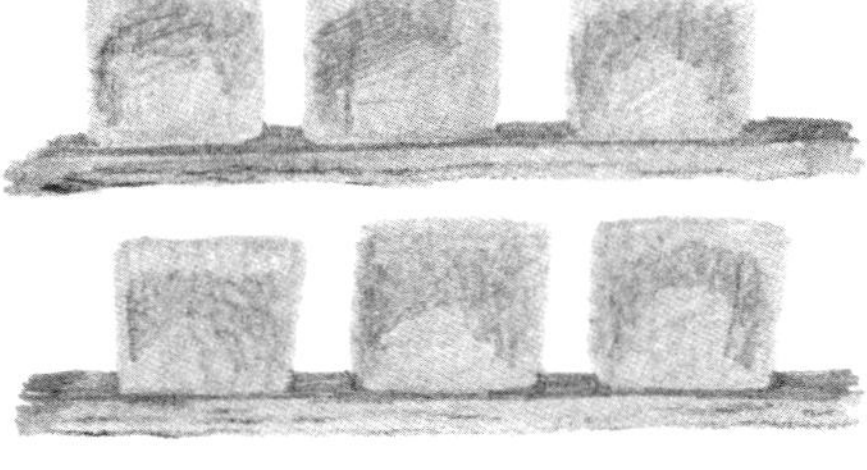

ペリカンのパン

森まゆみ

浅草育ちの母は、昭和二十年の下町の空襲で焼け出されてから、浅草に戻ることは叶わなかった。「ひょうたん池のほとりで隣組の人たちと夜を明かしたの。ヤツデの葉っぱを池の水につけてお互いについた火の粉を払ってね、観音様が守ってくださったのよ」という話を何度聞かされたことか。一夜明けて、家の焼け残った家財道具を整理し、その足で上野駅に向かい、おにぎりを一つもらって、山形行きの罹災者列車に乗ったのだそうである。

しかし、戦後、父と結婚して持った所帯が割と浅草に近く、休みの夜など浅草に行くのを嬉しがった。「さいきん、田原町をタワラチョウ、稲荷町をイナリマチなんていう人がいるからね」というのも母の口癖である。浅草について、昔の記憶が薄れていくのを悲しんでいた。

その田原町の角から国際通りを蔵前の方へちょっと行くと「ペリカン」というおいしいパン屋さんがあるとは、寡聞にして知らなかった。でもここのパンはアリゾナキッチンやリスボン、マノス、人形町の快生軒でも使っているというのだから、知らずに食べていたのだろう。確かに昔の洋食屋や喫茶店のトーストは、今のようにふわふわ穴だらけではなく、みっちり、しっかりしたものだった。

売り切れてしまうと店を閉めるというので、一斤半の角食（まあ、なんと懐かしい響き）とテーブルロール十個を予約して四時頃に取りに行った。

その建物も赤い日覆いにペリカンのマークが付いているほか、なんの変哲もない小さなビルだが、ガラスの引き戸を開けると、若い人が何人もテキパキと働いていた。「お取り置きしてございます」と紙袋に入ったパンを持ってきてくれた。アサクサとカタカナで書いてある。

だから、お店には私は一分もいなかったのだ。帰りに裏のごま油やさんでゴマとごまジャムを買って、家に帰って早速、角食をトーストした。

パンは切っても変形しない。耳のところが折れたりせずに、ピンと真四角のままである。トーストすると香りが立ち、噛みしめるとしっかり応え、全く雑味や妙なフレーバーがない。ああ、これだ、昔のパン。聞くと昭和十七年の創業だそうである。翌日、昼ごろ来た娘夫婦もおいしいおいしいと言ってパクパク何枚も食べた。バターを乗せたり、ごまジャムもつけたり。「ちょっと、ちょっと冷凍すれば取っておけるんだから」と私は言ったのだが、あらかたなくなってしまった。

私はロールパンをいただいた。ちょっと小ぶりだが、これまた頃合いに焦げ目がついて中もみっしりしていた。昔の洋食屋さんではこんなのが白い小皿の上に二つ載っていたものだ。バターをつけてコーンスープと食べてみた。それから切れ目を入れてちょっと炙り、中にあんことバターをはさんでみた。これもおいしかった。まあ、どう食べるのも自由だもの。

残りは冷凍庫にしまった。一週間、京都にいて帰り、夜のうちに二つ出しておいて、朝、食べると味は全く変わっていない。一人暮らしでも、十個買っても怖くない。

近くにも幾つかおいしいパンの店があるけど、デニッシュとか、種物に凝り過ぎ、正統派の角食やロールパンになかなか出会わない。ペリカンまで家から距離は近いのに、地下鉄では二回乗り換えになる。それでも買いに行く価値のあるパンだと思う。

田原町は劇作家久保田万太郎の生家袋物問屋の久保勘があったことで知られている。この人は俳句が抜群に上手で、

湯豆腐やいのちのはてのうすあかり

は好きだ。下町をこよなく愛し、

神田川祭りの中を流れけり
竹馬やいろはにほへと散り散りに

もある。後者は、浅草の子ども時代の思い出で、樋口一葉の「たけくらべ」を彷彿とさせる。でもこんな句があるのは知らなかった。

パンにバタたっぷりつけて春惜しむ

浅草っ子はハイカラで、美食家である。大正の頃から浅草ではレビューや外国映画の封切り館があって、我が母も「巴里祭」や「スミス都へ行く」などに熱中したという。「そんな私たちが、やおら鬼畜米英になるはずがないじゃないの」というのが母の言い分でもあって、たぶん、ペリカンのパン屋さんは戦前から、そうした浅草っ子の美食とハイカラを支え、彼らに支えられてきたお店なのに違いない。

森まゆみ（もり・まゆみ）
1964年東京都生まれ。出版社で企画・編集を手がけた後フリーに。1984年、地域雑誌「谷中・根津・千駄木」創刊、2009年まで編集人を務める。1988年に『鷗外の坂』で芸術選奨文部大臣新人賞、2003年『「即興詩人」のイタリア』でJTB紀行文学賞、2014年に『「青踏」の冒険　女が集まって雑誌をつくるということ』で紫式部文学賞を受賞。著者に『「谷根千」の冒険』、『彰義隊遺聞』、『女三人のシベリア鉄道』、『森のなかのスタジアム――新国立競技場暴走を考える』、『昭和の親が教えてくれたこと』『暗い時代の人々』『子規の音』など多数。

ペリカンの映画を撮りました。

『74歳のペリカンはパンを売る』
内田俊太郎監督×石原弘之プロデューサー

内田　ペリカンのことは雑誌のパン特集で見て知っていて、外装に味があって「ペリカン」という名前がいいなと記憶に残っていました。

石原　僕はあるテレビ番組の特集で見たのが最初の出会いで、74年も続くパン屋さんを20代（当時）の陸さんが継いでいるところが気になって映画にしたいと思いました。僕と内田監督は映画にとって絶対に必要な要素に社会性と歴史があると考えています。歴史があるものは、いいところも悪いところも全部ひっくるめて味わいになっている。その味わいを撮ることで映画が成立します。ペリカンの外観はそれを撮るだけで映画になると思いました。

内田　僕にとって映画は自分の人生を考えたり、他者を考えたりするためのフィルターのようなものです。石原さんからペリカンの映画を撮ろうと言われたとき、人生に何かヒントを与えてくれる作品にできる予感はありましたね。

工場から撮影が始まる

石原　陸さんに映画を撮りたいとお願いして、すぐにOKをいただけたわけではありません。何とか説得したくて陸さんに見てもらったのが、僕達が卒業制作で撮った、ジャパネットたかたの高田明さんのドキュメンタリーでした。僕達は美術大学でずっと「自分の感性を信じろ」と言われていましたが、人に何かを伝えたり作品にお金を払ってもらうにはどうすればいいかがわからない。それを見つけたいと思って、ものを売

『74歳のペリカンはパンを売る。』

監督：内田俊太郎　企画／製作　石原弘之
出演：渡辺多夫、渡辺陸、名木広行、
伊藤まさこ、保住光男、中村ノルム　他

パンのペリカン初のドキュメンタリー映画。
2017年10月、東京・渋谷の
ユーロスペースにて公開。

るプロの高田さんに3週間佐世保で密着取材させてもらった作品でした。それで僕達の思いが通じて陸さんから撮影の許可が出たのが2016年の5月です。まず撮ったのは工場で、10回くらい撮影に通って、朝のパン作りが始まる4時前には5回ほど入りました。

内田　昔の技術ではカメラが大きすぎてペリカンには入れなかったと思います。照明も工場では使いませんでした。暗いところは暗いままで、何かをやればやるほどペリカンが遠くなるという気がしていました。音もカメラに付けたマイクで録って臨場感を大事にしています。

石原　撮りはじめた当初はペリカンの創業者一家に光を当てようと思ったのですが、ご家族全員がお店に立っているわけではないので撮れないものが多い。パンを作る過程ももちろん企業秘密なので詳しくは撮れな

『伝える人ー高田明へのプレゼンー』
（企画・監督　石原弘之　2016年）

い。これはどうやって映画にするんだろうと最初は正直悩みました。

内田　ペリカンの毎日は変わらず続き、とんでもない映像が撮れるわけではありません。工場ではみなさんマスクを着けて喋らないし、何を撮っても映像は繰り返しで、人に観てもらえる映画になるのかずっと考えましたが、その起承転結がないことこそがペリカンらしさでもあります。映画が好きな人は悪や欲といった陰の部分が多い作品を評価することが多く、僕もそういう映画は好きですが、ペリカンに関しては陰の部分がまったくない映画でいこうと踏み切りました。ペリカンを知らない人が知るきっかけになればいいし、ペリカンを知っている人にはさらに好きになってもらえたらいい。そこは一貫してぶれていません。しかしプロットや構成は、撮れないものがあったり、新しく取材してみたい人が現れたり、予期していなかったことが起きてどんどん変わっていきました。

名木さんを見つけた

内田　撮影で工場に入ったばかりの頃は、実はちょっと怖かったです。パン職人のみなさんはとにかく作業に集中して喋らないので。

石原　それが撮影で通ううちに名木（広行）さんを中心にみなさんから声をかけてもらえるようになったんです。

内田　その辺りから名木さんがキーマンだと気付きました。最初は、名木さんというその道45年以上のパン職人さんが工場にいることも知らなかったんです。改めて取材をお願いしてお話を聞いて、名木さんの言葉に哲学を感じました。これは人に観てもらえる映画になると確信したのは、名木さんがパンを作る手元の映像が撮れたときと、名木さんの言葉を聞いたときです。

石原　撮りはじめて僕が一番すごいと思ったのは、ペリカンは誰かの感性でパンを作っているわけではないということです。雑誌にペリカンが紹介されることはあっても、〝カリスマパン職人〟として名木さんが紹介されることはありません。ペリカンはチームプレイでやっていくことに注力しています。だけど僕は名木さんがやって

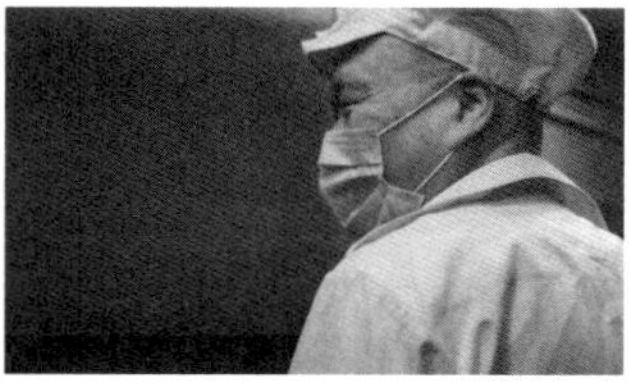

名木広行さん

平賀東洋一さん

いることはマイケル・ジョーダンと変わらないと思っているんです。「外したシュートは９０００本。だからオレは成功できた」と言うジョーダンと同じように、名木さんはすごい数のパンを作ってきた。本当は名木さんが一番感性の人なんです。

平賀東洋一さんの登場

内田　ペリカンの巨大なオーブンや窯のメンテナンスを70年代からやっている平賀東洋一さんも最初から取材対象として考えていたわけではありませんでした。

石原　撮影が始まってしばらく経った頃に陸さんからぜひ撮ってほしい人がいると言われて会いにいったんです。最初、平賀さんは緊張しておられたのですが、カメラを回したら言葉があふれてくる。こんなフレッシュな言葉は聞いたことがないと思うくらい素晴らしいお話ばかりでした。

伊藤まさこさんのかっこよさ

内田　ペリカンを撮ると決まったときに、僕は神保町に行ってパンを特集した雑誌のバックナンバーを片っ端から見たんです。それで「Casa BRUTUS」にペリカンが載っているのを発見して話を聞いてみたくて編集部に電話したら、「Hanako」編集部の西村由美さんに繋いでくださって、伊藤まさこさんを紹介していただきました。まさこさんは『東京てくてく散歩』（マガジンハウス）はじめ複数の著書でペリカンを何度も紹介しています。映画ではまさこさんがペリカンのパンを普段通りに食べている様子を撮らせてもらいました。

石原　撮影当日、僕はまさこさんがパンをすごく分厚く切るのが印象的でした。潔いんです。

内田　パンに乗せるバターやジャムもカロリーなんか気にせずに、ドーン！とたっぷり。とても気持ちがいい。

石原　かっこよかったです。

内田　「けっこう雑なのよね」とおっしゃって、横で見ていると盛り方も切り方も適当な感じなんですが、出来上ってみるとその気取らない感じがちょうどいいんです。

伊藤まさこさん

渡辺陸さん

4代目店主・陸さんとの出会い

石原　陸さんは映画を撮り始めた頃も店主として使命感や責任感のある人でしたが、映画を撮り終わった今のほうがさらに使命感に燃えているように感じます。

内田　僕達と陸さんは今30歳で、ちょうど狭間の年齢にいます。何か言ったら偉そうだと言われるけど、大人なのでうまく立ち回らなくてはならない。だから今の若さで4代目の責任を引き受けた陸さんが40歳を過ぎる頃がすごく楽しみです。とても頼もしいだろうし、僕らも負けないようにという気持ちがあります。

食の映画　映画の食

石原　食べ物が出てくる映画で僕が印象的なのは、『トリュフォーの思春期』（１９７６年）です。いろんな境遇の子どもたちの日常の断片を描く作品なのですが、その中のひとり、バゲットをひきずってよちよち階段を昇るわんぱくなグレゴリー坊やが、猫を追いかけて10階の窓から落ちちゃう。でも落ちた後に元気に起き上がって笑うんです（実話を元にしている）。次の場面では同じアパートに住む教師夫婦（妻は妊娠中）が「大人が10階から落ちたら絶対助からない。子供のほうが強いのよ。何に対しても抵抗する生命力があるんだわ」とグレゴリーくんの話をしている。なんなんだこの映画は！（笑）。なんて面白いんだ！　と心に残っています。

内田　僕は小津安二郎監督の『お茶漬の味』（１９５２年）が好きなんです。佐分利信と木暮実千代演じる中年夫婦が主人公で、東京の上流階級出身の妻と長野出身の夫の価値観や生活習慣が噛み合わずすれ違いを続けている。そんな中、夫に急な外国出張が命じられ、妻はふと夫の不在を淋しく思うんです。そこへ飛行機の故障で夫が夜遅く帰って来て、夫婦でお茶漬を食べることでやっと心を通い合わせます。そこで佐分利信が言う「夫婦はこのお茶漬の味なんだよ」という言葉が忘れられないですね。

石原　小津監督は「いかに現実を追及しても、私は糞は臭いといっただけのリアリズムは好まない。私の表現したい人間は常に太陽に向かって少しずつでも明るさに近づいている人間だ」（都築政昭著『小津安二郎日記　無常とたわむれた巨匠』ちくま文庫）と言っていたそうですが、小津監督の世界観はペリカンに通じる気がします。

ペリカンのお気に入りの食べ方

石原　僕はロールパンをそのまま食べるのが好きです。それもペリカンで買ってすぐ、田原町駅から渋谷行きの銀座線に乗って電車の中で食べちゃうのが好きです（笑）。

内田　普通のトースターで焼いて普通に食べています。そのとき家にあるものを使って食べても充分に美味しいです。名木さんも陸さんもそうやって食べてもらうことを考えて毎日パンを作っていると思います。

内田俊太郎（うちだ・しゅんたろう）
1986年スイス生まれ。監督を務めた『PORTRAIT　ポルトレ』（吉村界人主演）で劇場デビュー。その他アーティストのMVなどを手掛ける。

石原弘之（いしはら・ひろゆき）
1987年愛知県生まれ。株式会社ポルトレ代表取締役。『風待ち』で調布映画祭2014ショートフィルムコンペティション奨励賞受賞。劇場用映画『PORTRAIT　ポルトレ』を企画・プロデュース。ジャパネットたかた元社長・高田明氏に密着したドキュメンタリー映画『伝える人—高田明へのプレゼン—』を制作。監督作は『風媒花』。現在、ドキュメンタリー映画で日本の面白さを再発見するプロジェクト、渋谷区認定支援事業ORQUESTに取り組んでいる。

第7章

ペリカンを食べる

珈生園　ハムサンド

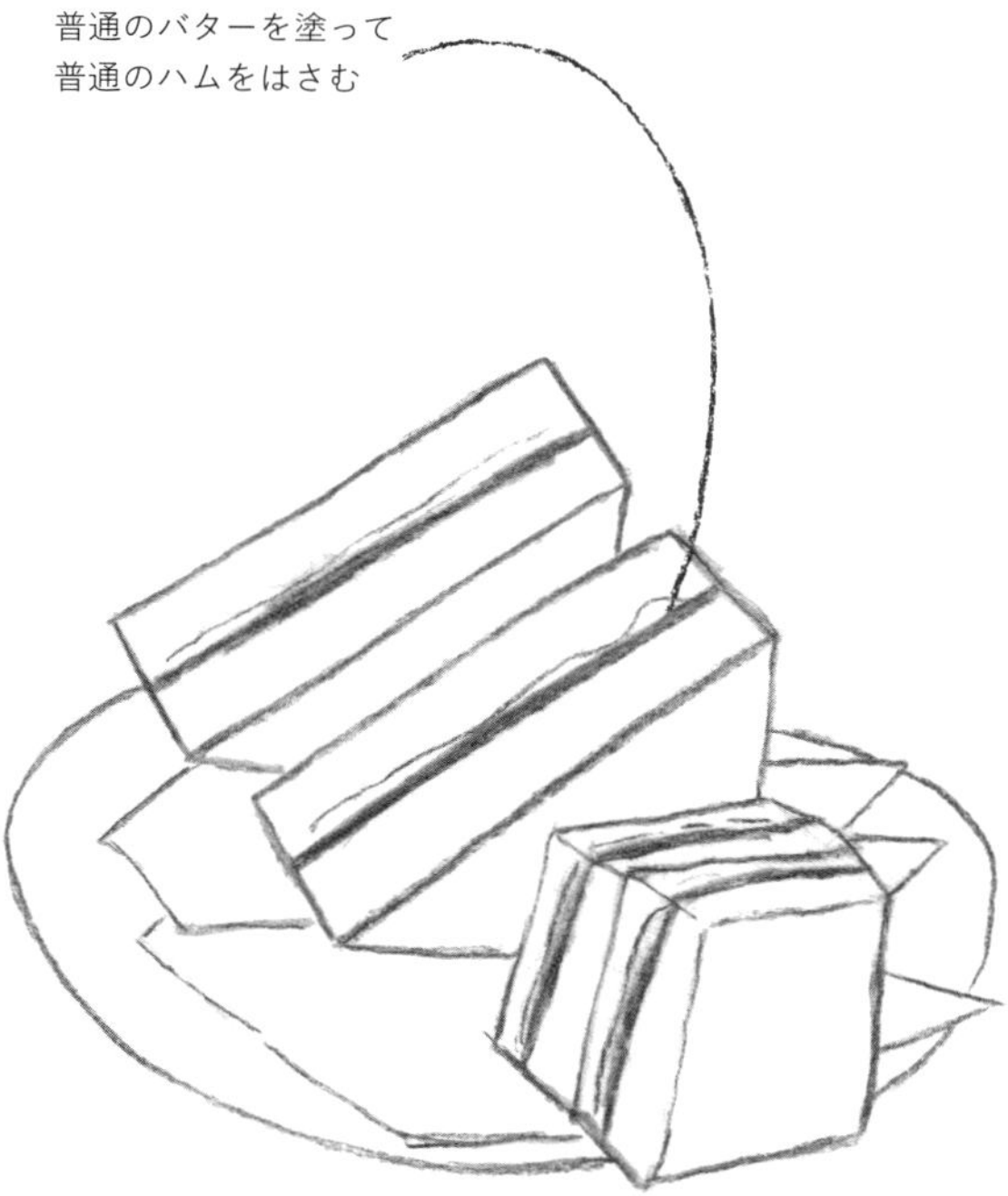

珈生園は能町みね子著『きまぐれミルクセ〜キ』の中でも、ホットミルクセーキが飲める貴重なお店として紹介されている。

珈生園は昭和23（1948）年からやっています。その前は昭和10（1935）年から四つ目通りで喫茶店をやっていましたが空襲で焼けちゃった。

空襲の後にこの辺で店を建てたのは、うちが一番早かったらしいですよ。焼け野原で、上野駅からこの店が見えたって言われたくらいだから。

昔は今とはケタ違いにすごく忙しかったです。この辺りは役所が多くてそこで働く人が多かった。墨田区役所、都税事務所、本所税務署、専売公社、東武鉄道。昔は役所も案外ルーズでしたから、1日に4回来る人もいました（笑）。今はそんな簡単に建物から出ることもできないでしょう。

あの頃は朝の7時30分に店を開けるともうお客さんがいっぱいで、夜の11時30分頃までやっていました。夜のお客さんは役所の人達ではなく、夜の遊びでこの辺に来てた人達。毎日来てたのにね。今は誰もいない。みんな死んじゃった。今、浅草はどこも店が閉まるの早いでしょ。

今はお客さんが少なくなりました。スカイツリーができてからダメ。工事している間は忙しかったんだけどね。北海道から九州まで、建てている途中を見学にたくさんお客さんが来ましたよ。

うちはペリカンさんとの付き合いは長いよ。おじいちゃん（ペリカンの初代）とうちの親が仲良かったからね。おじいちゃんが兄弟3人でミルクホールをやっていた頃から知っていますす。昔はペリカンじゃなくて、三河屋パンって名前だったの。

私は昭和8（1933）年生まれで、ペリカンの2代目と1歳違いです。2代目が生きていた頃はよくうちに配達に来ていましたよ。元気がよくて愛想もよかったね。初代のおじいちゃんも配達に来ました。

今はハムサンドの他にトースト、ハムトースト、ホットドックもペリカンのパンを使ってます。

ペリカンの味は変わらないね。防腐剤とかなんにも入ってないんだよね。

2年前に妻が亡くなっちゃったから今は私ひとりでこの店をやっています。昔はもっと店員がいっぱいいて、お店の上に寝泊りしていましたよ。常時4人くらいはいました。

このあたりは昔は本当に喫茶店が多かった。ペリカンの親戚も浅草で喫茶店をやってたよね。

昔、喫茶店をやっていた人達はみんなやめちゃったね。ナガシマなんて大きな喫茶

店は知ってる？　雷門のちょっと外れたところにあったんだけど、いつの間にかなくなっちゃったね。（珈生園店主・横田さん）

珈生園（こうせいえん）

定休日：不定休
東京都墨田区業平１－13－６

フルーツパーラーゴトー

フルーツサンド

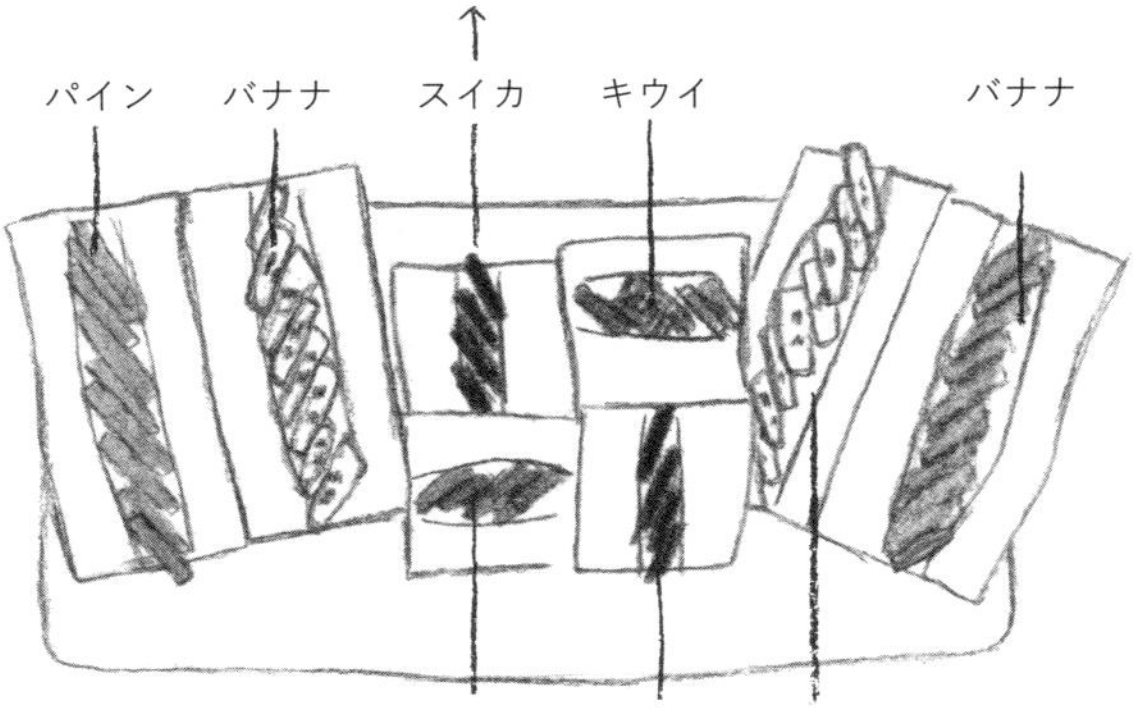
冬は苺、秋は柿、夏はスイカ、その他
マンゴーなど季節によって変わる
キウイ
スイカ
パイン

うちは昭和21（1946）年に後藤青果店として創業しました。母が昭和34（1959）年に嫁いできた頃も果物屋さんです。昭和40（1965）年にゴトーフルーツになり、正面が果物屋、その奥がフルーツパーラーという業態になりました。この辺りの喫茶店がみんなペリカンさんのパンを使っていたので、うちもパーラーを始めたときからずっとペリカンさんのパンを使っています。昔うちの近所にあったクスノキヤさんはペリカンさんの親戚で、初代のおじいちゃんのお兄さんがやっていたお店でした。

うちは時代の流行に合わせて、プリンを焼いてプリンアラモードを出したり、ピザトーストを出したり、いろんなメニューを出してきましたが、今は「自分達が食べたい」と思うメニューだけに絞っています。ペリカンさんのパンを使ったフルーツサンドもトーストも、自分達が食べたいのでメニューに残しました。

フルーツパーラーゴトーとしてリニューアルしたのは10年前です。私が安藤忠雄さんや宮脇檀《まゆみ》さんのファンなので建物にはとてもこだわりました。

一度、ペリカンさんが窯の入れ替えか何かで数日お休みされたとき、他のパンを使ってみたことがあるのですが、やっぱりペリカンさんのパンでないとダメなんです。美味しいフルーツサンドを作るために大事なことって何かわかりますか？　フルーツを引き立たせるためには生クリーム？　と思うでしょ。これが実はパンなんです。

（フルーツパーラーゴトー店主・後藤浩一さん）

フルーツパーラーゴトー

定休日：水曜

東京都台東区浅草2-15-4

喫茶去《きっさこ》　快生軒　トースト

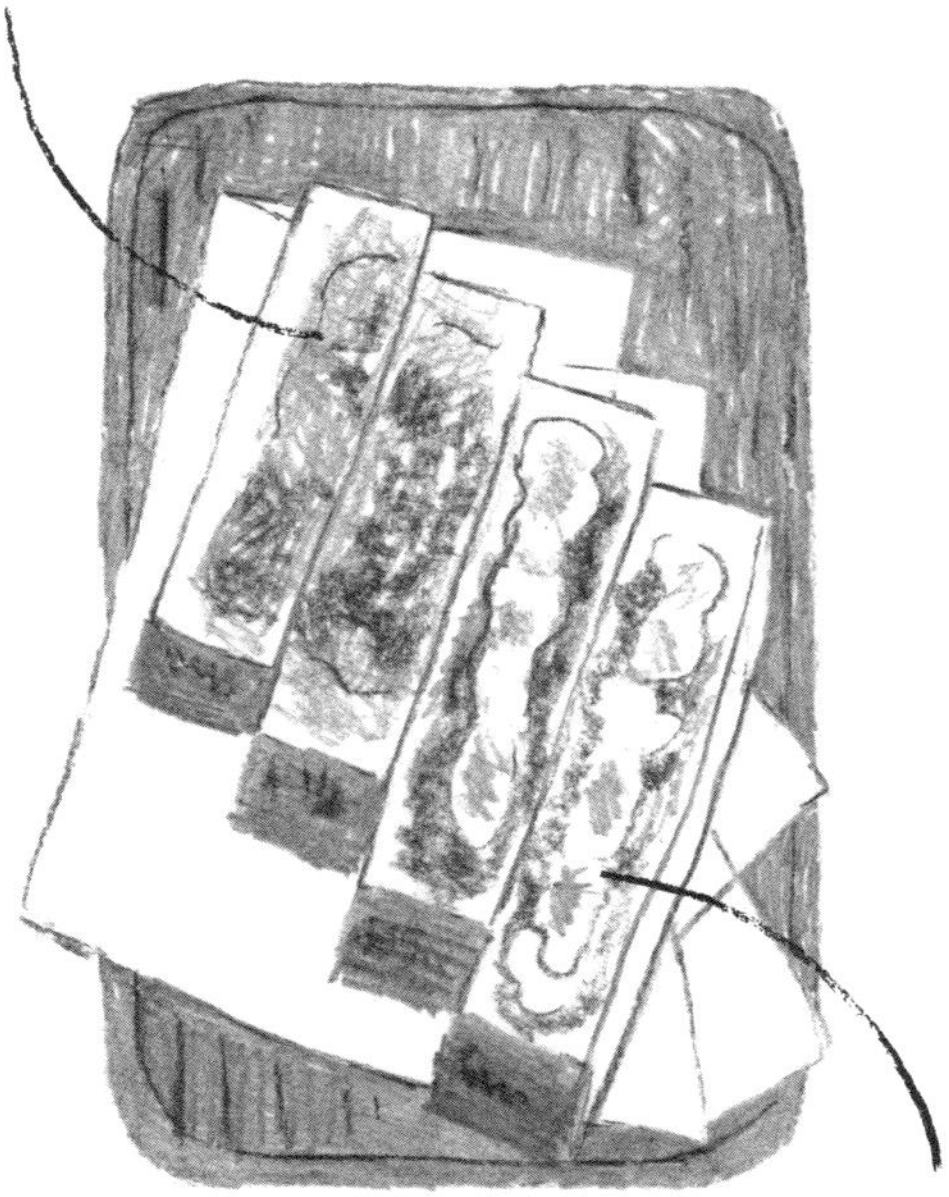

脚本家・作家の向田邦子さんが通った店としても知られる快生軒。向田さんが初めて訪れたのは昭和 52 年、雑誌「ミセス」の取材で（文春文庫『女の人差し指』に収録「人形町に江戸の名残を訪ねて」）、2 代目の嵩亮《こうすけ》さん、3 代目の方彦《まさひこ》さんの時代である。

うちは「純喫茶」ということで、お食事のメニューは他にはなく、トースト単品でやっています。「モーニング」ということではなく、昼も夕方もトーストをご提供します。私は4代目で昔のことはよくわかりませんが、物心がついた頃からペリカンさんが配達に来られていたので、40年くらい前からは確実にペリカンさんのパンです。向田邦子さんが通われていた時代もペリカンさんのパンでした。

昔のペリカンさんはホテルや喫茶店への卸し中心でやっておられました。「美味しいトーストを」ということで先代がいろいろパンを食べ比べて、ペリカンさんのパンを選んだのだと思います。

トーストのジャムは、お店の照明で見栄えがよい、飽きの来ない味ということで、苺でも他のものでもなく、オレンジのマーマレードにこだわっています。（喫茶去快生軒店主・佐藤太亮《だいすけ》さん）

喫茶去　快生軒（きっさこ　かいせいけん）
定休日：日曜・祝日
東京都中央区日本橋人形町1丁目17−9

珈琲アロマ　オニオントースト

ピーナッツバタートースト

角食の小をトーストして、粒ありの濃厚なピーナッツバターをたっぷり載せる

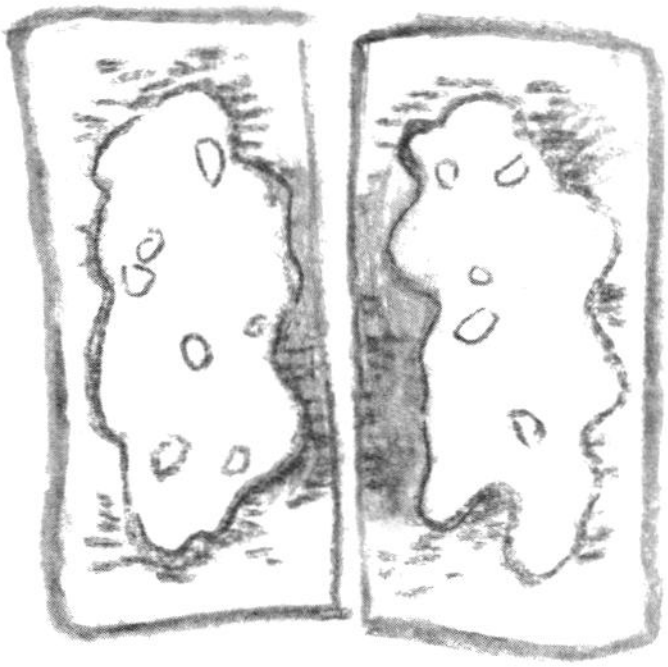

オニオントースト

角食の小をトーストしてバターと手作りマヨネーズを塗る。薄切りにした生の玉ねぎ（水にさらさない）とピクルスを乗せてGABANのブラックペッパーをふりかける。酸味がマイルドでマスタードの風味が効いている自家製マヨネーズが真似できない美味しさのポイントになっている

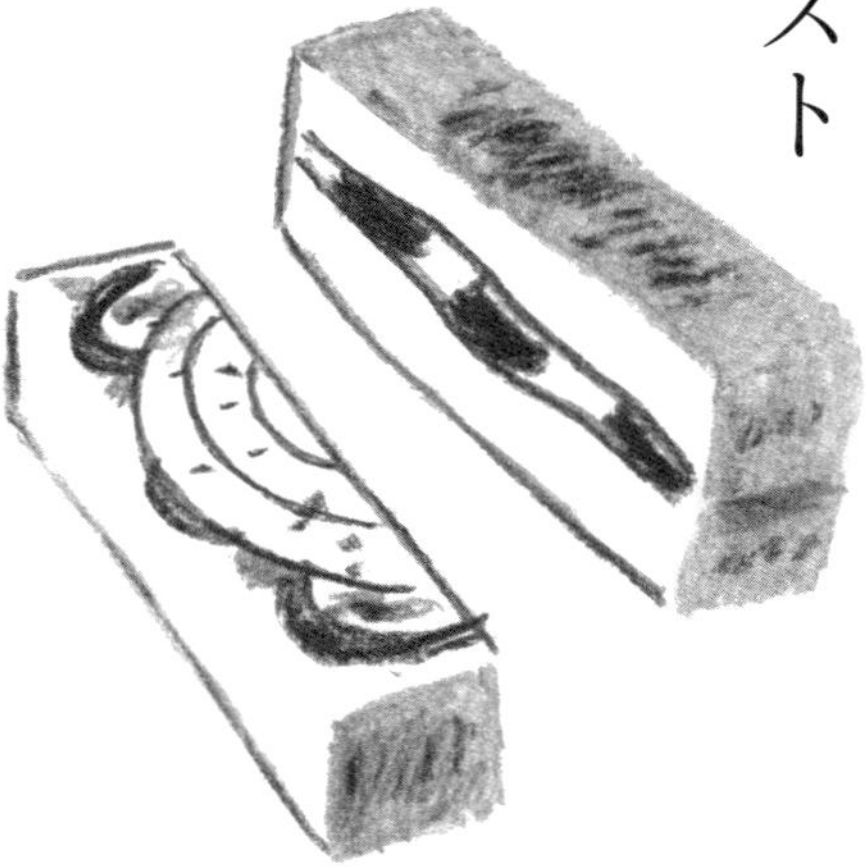

この店を始める前は銀座2丁目にあった「イタリアン」という喫茶店で働いていたんです。場所柄、読売新聞関係のお客さんが多く、植草甚一さん、直木賞作家の三好徹さん、推理作家の佐野洋さんらが常連でした。今、お店で出しているオニオントーストやコーヒーはイタリアンで出していたものに、自分なりのアレンジを加えています。

この場所では母がずっと「フジ美容室」をやっていました。それが昭和39（1964）年にイタリアンが閉店することになったので、ここで自分の喫茶店を始めることにしたんです。当時、周りの店がみんなペリカンのパンを使っていて美味しいことは知っていたので、うちも仕入れさせてもらいました。ペリカンのパンの魅力は肌理が他にない細かさで、モチモチしているところですね。うちはポップアップトースターにこだわって手で何度か裏表を返して焼き、外はカリッと中はしっとりとなるように心がけています。（珈琲アロマ店主・藤森甚一さん）

珈琲アロマ（こーひーあろま）

定休日：木曜・第4水曜
東京都台東区浅草1-24-5

柳橋ときわ

のりトースト

角食をトーストしてしっかり
バターを塗る
パセリを飾る
白ゴマを必ず振りかけるのが
ときわのオリジナル
焼海苔はなるべくいいものを
使い、醤油で味付けする

ときわの創業者で、のりトースト
の考案者である奥様。撮影は昭和
29 年（1954）頃

妻は柳橋の生まれで祖母も母も芸妓組合の人だったのですが、彼女は花柳界へ行かず短大を卒業して昭和29（1954）年に喫茶店を始めたんです。創業当時の店は今の店のすぐ近所で、この場所が空いたので昭和49（1974）年に移転してきました。うちが入る前はお寿司屋さんの住まい、その前がせんべい屋さんで、元々は俳優の大川橋蔵さんの生家だったんです。妻と橋蔵さんは小学校の同級生でした。

ペリカンさんとのお付き合いは、うちへ営業にいらしたのがきっかけです。ずいぶん長いですね。昔は自転車に番重を積んで配達に来てくれていましたよ。あんな行列ができるような大人気店になるとは驚きましたね。でもどんなに人気店になって売り切れになっても、うちの分はちゃんと確保してくれています。

料亭の亀清楼や人形屋などは近くに残っていますが、柳橋はずいぶん変わりました。江戸の文化を伝えていきたいですね。（柳橋ときわ店主・島津一満さん）

柳橋 ときわ（やなぎばし ときわ）

定休日：日曜

東京都台東区柳橋1−8−8

タバーンオンエス　サーモン・アボカドサンド

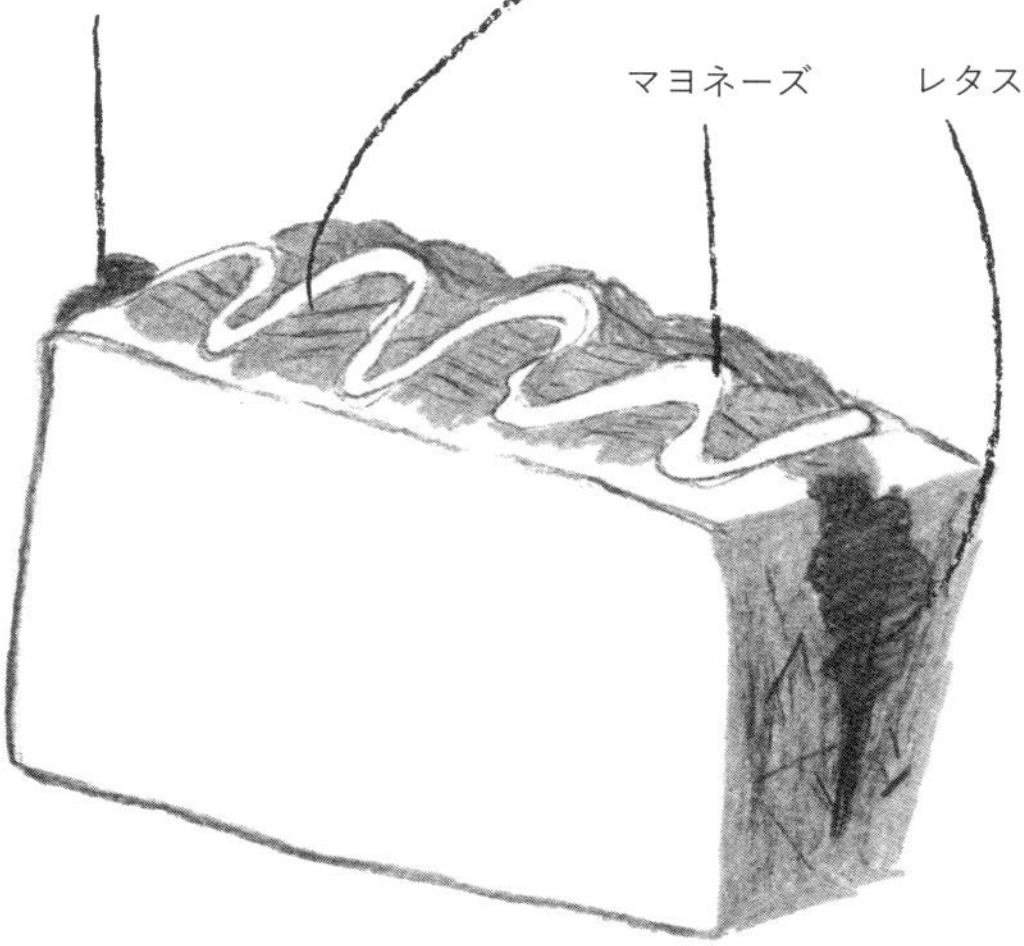

JR新宿駅の新南エリア・NEWoMan SHINJUKUで朝7時から深夜4時まで営業しているダイニング「タバーン オン エス」はサンドイッチにペリカンの角食を使っている。サーモン・アボカドサンドの他、シェフこだわりの卵フィリングを詰めた特製タマゴサンドも店の名物である。

朝食のメニューを開発する中で、飽きずに毎日食べたいと思うメニューを作りたいと考えたときに、シンプルで自然と食べたくなるペリカンのパンを選ばせてもらいました。食材に対して真面目に向き合って作り続けている姿勢にも共感しています。ふんわりとした食感と自然の甘味が、弊社で提供するメニューにマッチしていると思います。

サーモン・アボカドサンドは、エストラゴン、ディル、セルフィーユでマリネしたサーモンを使っています。マヨネーズを少し使っていますが、他には特に味付けはしていないところがポイントです。(タバーン オン エスシェフ・用田征弘さん)

タバーン オン エス　tavern on S

定休日：不定休
東京都渋谷区千駄ヶ谷5－24－55 NEWoMan SHINJUKU 2F

buik

小倉トースト

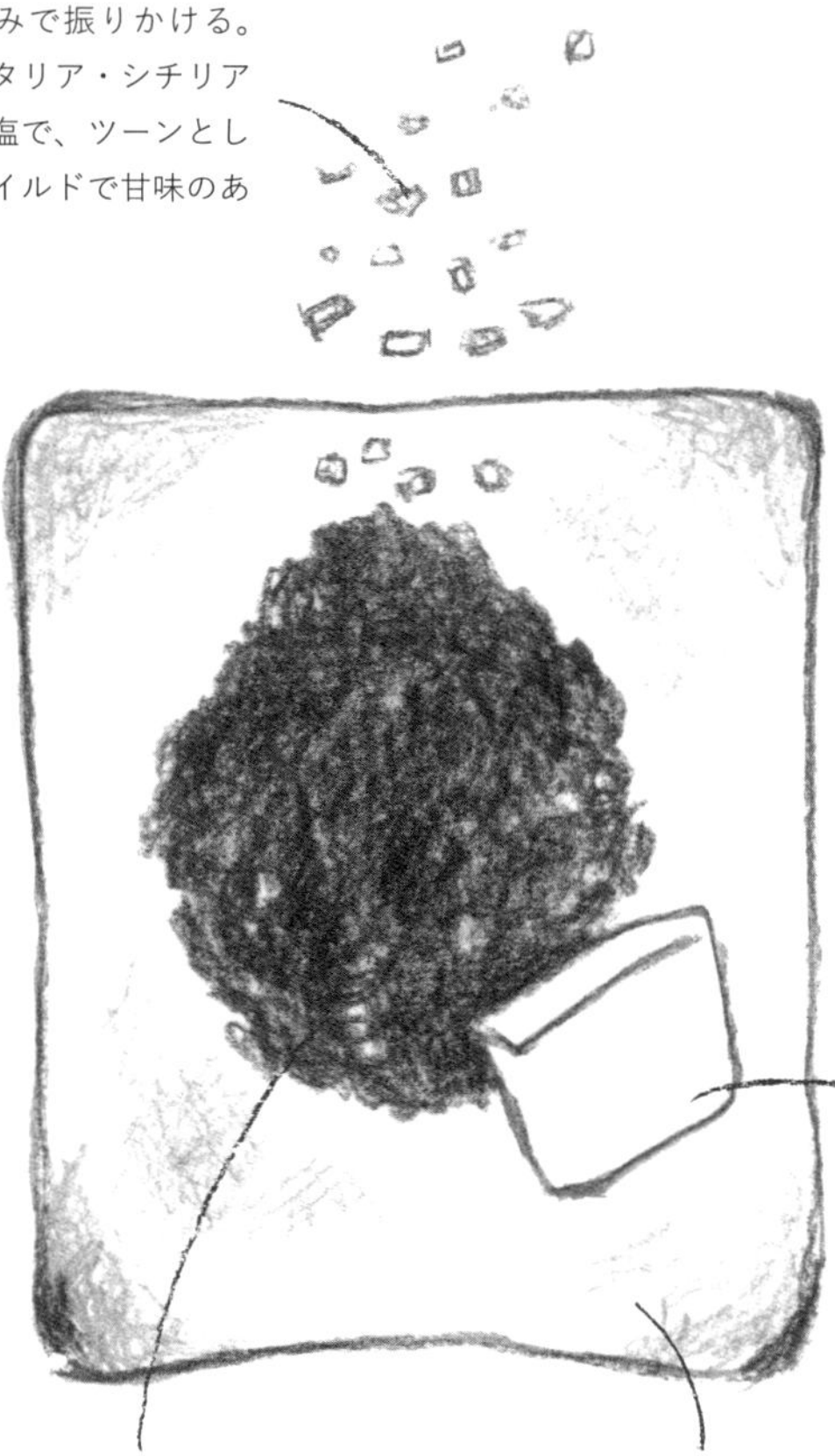
塩を好みで振りかける。塩はイタリア・シチリア島の海塩で、ツーンとしないマイルドで甘味のある塩味
バター
熱々のトーストに自家製の冷たい粒あんをたっぷり
高温ですばやく焼ける、容量の大きなコンベクションオーブンでトースト。パンの中の水分が逃げないうちに、外側をカリッときつね色に焼くことができる

このお店を始めるときに、日本らしいメニューを出したいと思ったんです。日本の朝ごはんと言えばトーストだなと。パンも日本らしいモチッとしたものがいいなと思って、いろいろ試したのですが、最近の流行なのかフワフワしたものが多く、どれも頼りなく感じました。それで食パンはやっぱりペリカンさんだなということで使わせていただくことに決めました。もともと父がペリカンさんのパンが好きで私もよく食べていました。小倉トーストがメニューにあるのは、私は別に名古屋出身ではなく（笑）、これも日本らしいものを考えたときに、前に働いていたパン屋さんであんこの仕込みを担当していたので、自家製あんこが使えるなと思ったんです。ボリュームたっぷりでお出しするので甘すぎず、お豆の味のする粒あんを心がけています。塩を添えるのは、自分がそうやって食べるのが好きだったからで、たくさんの方にご好評いただいています。（ｂｕｉｋ店主・増崎佳奈さん）

ブイック　buik

定休日：日曜

東京都港区南青山4－26－12

珈琲ハトヤ

ミックスサンド

玉子サンドイッチ

自家製マヨネーズを塗って
玉子焼きをはさむ

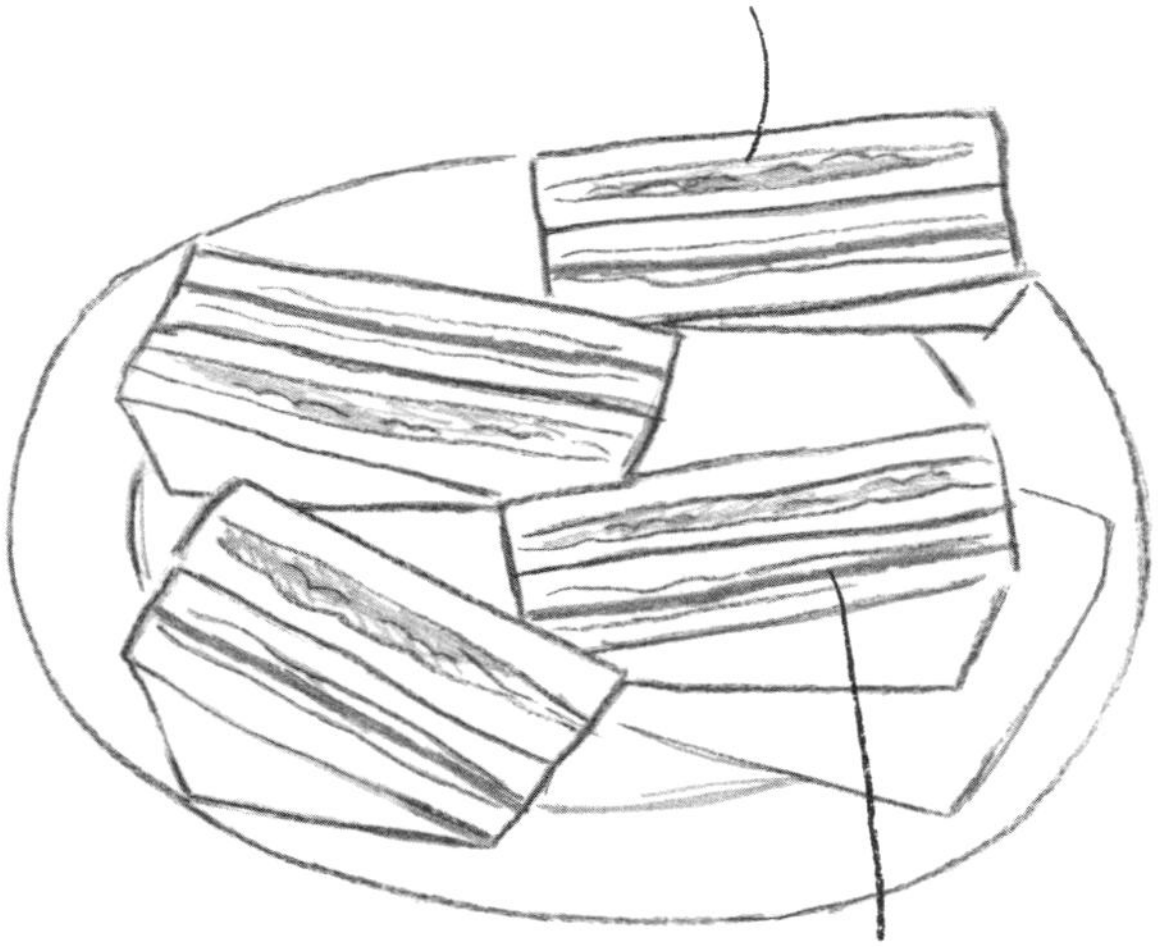

ハムサンド

自家製マヨネーズとマスタードを塗ってハム（ミクニハム）をはさむ

ペリカンのパンを使ったメニューは他にトースト、ホットドック、玉子サンドイッチがある。

ペリカンさんのパンを使うことに決めたのは祖母でした。うちはペリカンさんより少し古い創業で（昭和2年）（※）、最初は他のパン屋さんから仕入れていたんです。それが、「うちのパンは美味しいので食べてください」とペリカンさんが開業したときに毎日のように営業に来てくださって、当時お付き合いしていたパン屋さんにもとてもお世話になったので迷ったようですが、美味しいし同じ地元だしということで使わせていただくことに祖母が決断したと聞いています。2代目の店主だった父が亡くなるときも、ペリカンのパンとミクニハムは変えるなよ、うちはマヨネーズもペリカンさんのパンに合わせて作っているから、と言い残しました。

うちは昔、劇場の裏口近くにあったので、踊り子さんや芸能人の方がたくさんお見えになったと聞いています。喜劇スターの榎本健一さんも毎日近くまで運転手付きの車でいらして、うちにも必ず寄ってくださいました。焼かずにそのままで耳を切ったパンにジャムとバターを塗ったものと、ぬるめのミルクコーヒーをいつも召し上がっていたそうです。それもペリカンさんのパンだったと思いますよ。エノケンさんが入ってくると他の若手の芸人さん達がサッと立ち上がって「おはようございます」と挨拶するんですが、そのときに一緒に店内にいたお寿司屋さんや天ぷら屋さんや職人さんもみんないっせいにバッと立ち上がって「おはようございます」って挨拶したそうです。その様子がとっても可笑しかったって、おばあちゃんは楽しそうに話していたそうです。エノケンさんは店にいるお客さまみんなの分のお代を払って「お釣りはいらないよ」と言ってお帰りになったそうなんですが、うちがお釣りをもらっちゃうわけにはいかないからっていうので、ガラスの瓶にお釣りの分を入れて、お金に困っている芸人さんがお代を払えないときに「誰某いくら借り」というメモを入れてそこからお金を取って、うちに払っていたという話も聞きましたね。

私は幼稚園の給食のパンが苦手で、いつも喉を通りませんでした。家に帰って来たら美味しく食べられるのに、なぜだかわからなかったんですよ。それが最近になってようやく、私はペリカンさんのパンで育っているので、給食のパンは美味しくなくて食べられなかったんだなと気付きました（笑）。子どもの舌は正直ですからね。

昔は甘味をやったりカレーライスやシベリアを出したりしていたみたいですが、いろいろやって残ったのが今のメニューです。ペリカンさんにはいつまでも美味しくて、安全で安心して食べられるパンを作り続けていただきたいですね。（珈琲ハトヤ・酒井礼子さん）

（※）昭和2（1927）年創業のハトヤは、永井荷風『断腸亭日乗』にもくりかえし登場する老舗である。

○昭和12（1937）年12月1日

昏暮例の如く浅草公演に至り中西屋に夕餉を喫す。公園の飲食店の中にては珈琲《こーひー》も十五銭なれば万事上等の方なるべし。オペラ館あたりの芸人はハトヤ喫茶店という店を好むといふ。珈琲一杯五銭なりといふ。

○昭和13（1938）年3月21日

夜空庵氏より電話あり。共に銀座に飰して浅草オペラ館に至る。閉場後女優踊子四、五人と共にハトヤ喫茶店に至り葛餅《くずもち》を喰ひ更に汁粉屋梅園《うめぞの》に至る。

珈琲ハトヤ（こーひーはとや）

定休日：月曜～金曜（現在、土日祝日のみ営業）
東京都台東区浅草１丁目23－8

ラルース
レバーペースト

メルバトースト

ペリカンの角食の小を薄切りしたものを半分に切って、風が吹くと消えるくらい弱火にしたオーブンで3時間ほど焼く。水分がほとんどなくなりペリカンのパンの味だけが残る

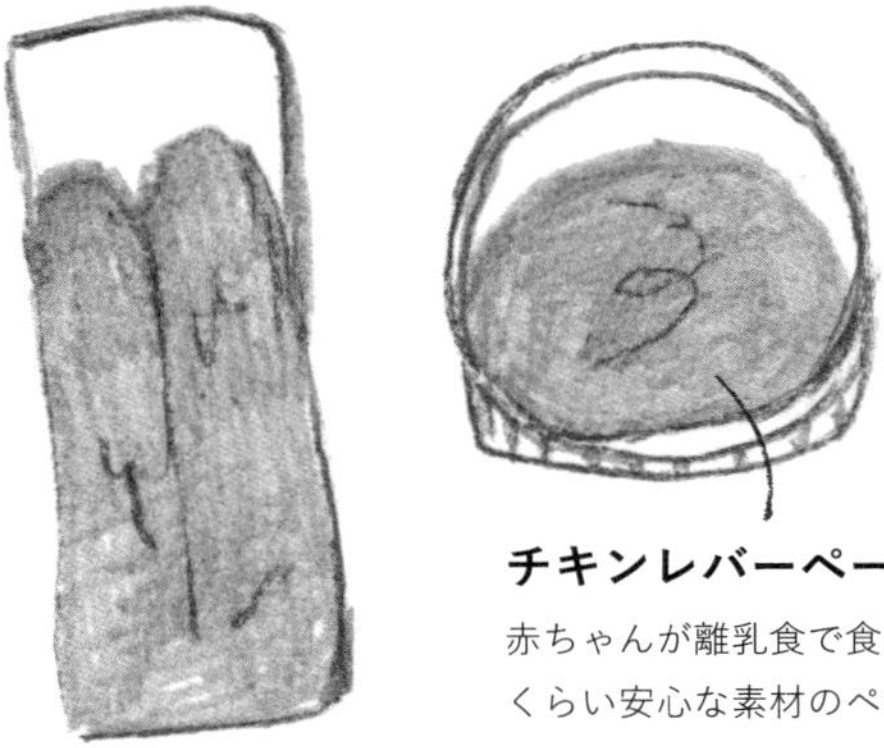

チキンレバーペースト

赤ちゃんが離乳食で食べられるくらい安心な素材のペースト

一番人気の「キャベツロール」は手間をかけて3日間煮込み、箸で切れるほどやわらかい。冬の寒玉のキャベツは皮が厚いので4日間煮込むこともあるとのこと。

「ラルース」というのはフランスの事典の名前で、事典のようにいろんな料理が食べられるお店にしたいと思って名付けました。ロシア料理、フランス料理、揚げ物と総合的にやっています。

私が浅草に来たのは18歳のときです。大学に行こうと思ったんですが学生運動がすごくてね。それなら4年間浅草で下積みを頑張って、みんなが大学を卒業する頃にスタートラインに立とうと思ったんです。独立したのは25歳のときでした。修行した店でもペリカンさんのパンを使っていたので約50年のお付き合いですね。

メルバトーストの他に、コロッケなどの揚げ物にペリカンさんのパン粉を使っています。僕らは「花咲く」と言うんですけど、ペリカンさんのパン粉はのっぺらぼうでなくて揚げると弾けるように立ってくるんです。他のパン粉ではそうならないので、ペリカンさん独自の焼き方があるんじゃないかな。（ラルース店主・高間秀博さん）

ラルース

定休日：火曜
東京都台東区浅草1−39−2

吉川英治　蜜パン

吉川氏がエッセイに書いたようにペリカンの食パンを食べていたのかは不明だが、ペリカンパンと黒蜜、抹茶の組み合わせは美味しそう。

ペリカンが卸し専門店だった60年代、『宮本武蔵』『三国志』『鳴門秘帖』などで有名な作家の吉川英治氏の自宅にもペリカンは角食を配達していた。

主人の弟が赤坂を配達で回っておりまして、たまたま吉川英治先生のお勝手口が開いてたので飛び込みでご注文をお伺いしたら、先生ご本人が「いいよ」って取ってくださったんです。それで一斤をときどきお届けしていました。ちっとも偉ぶらない、素敵な人だって言ってましたよ。（2代目の妻・竹子さん）

抹茶の菓子にも、あれこれほとほと上菓子には飽きてきて、近ごろはまま子供の頃によく食べた〝蜜パン〟なるもので一服やったりしている。食パンに黒蜜をなすッたものである。ところがその蜜にまたいいのが少ない。そこで葛餅《くずもち》では古舗の名のある亀戸の船橋屋から蜜だけ時々もらってそれをやる。クズモチ屋の古舗へ蜜だけくれというのも何だかわるい気がするのであるが、じつは或る年の正月、その船橋屋の屋根看板をつい書かされてしまったことがあるのである。たたみ一畳よりもっと大きな看板だった。もちろん素面ならひきうけるはずもないが、三ヶ日のうちだったので、こっちは屠蘇機嫌か何かだったにちがいない。あとではどんな字をぬたくッたやら覚えてもいなかった。また気味が悪くて自分では以後見にも行ってもいない。然し一場のそんな酒のうえの業が、蜜となったかと思うと、おかしくもあり、蜜パンの味もまた、わたくし独りにはかくべつな風味がある。結局、人の根性は童心に、舌の苦情も童味におちつくものとでも言えるのだろうか。

吉川英治「舌のすさび」昭和35（1960）年より

ペリカンスタッフのお気に入りの食べ方

日々、ペリカンのパンを食べているペリカンのスタッフのみなさんにお気に入りの食べ方を聞いてみました。

そのまま!!

当日のできたてを焼かずにそのまま
かじってモチモチを楽しむ!

目玉焼き風

②マヨネーズ
などを塗る

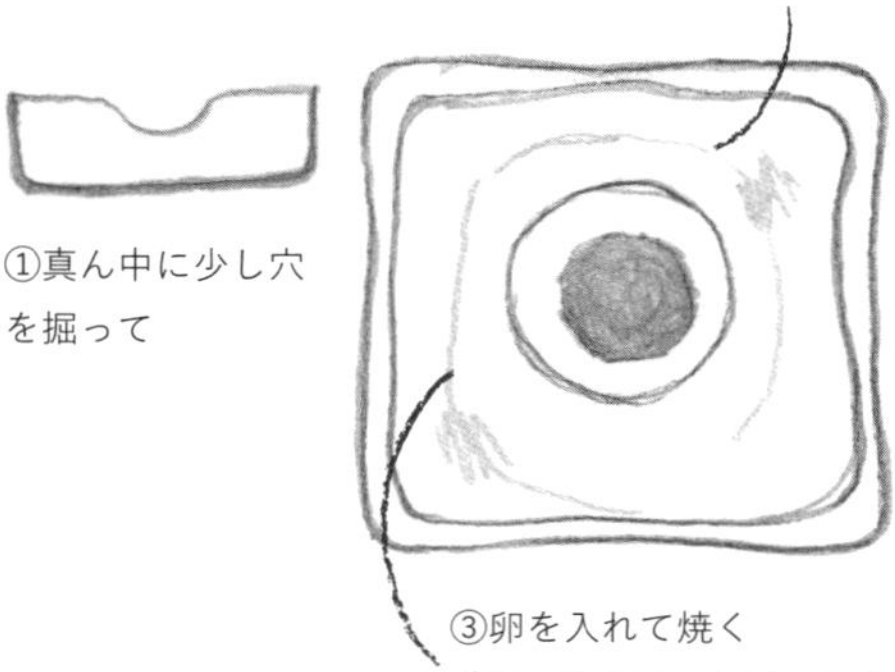

①真ん中に少し穴
を掘って

③卵を入れて焼く
(卵でなくミートソースや
ホワイトソースでも美味しい)

シナモントースト

①バターを塗る

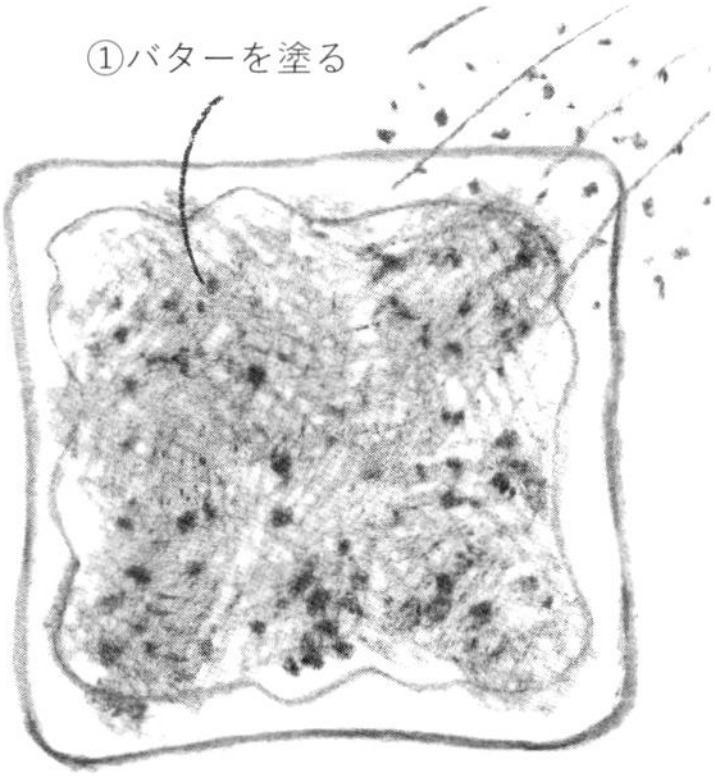

②入谷の北山珈琲店
のシナモンシュガー
を振りかけて熱々に
トースト

ホットケーキ風

カロリー!!

と思いつつ最高!

バターを
溶かして焼く

発酵バターを使用すると
さらにリッチな気分になる

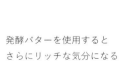

パン粉

冷蔵庫の中で数日経過して乾燥してしまった食パンをおろし金やブレンダーでおろして、とんかつやハンバーグのパン粉として使っても美味しい

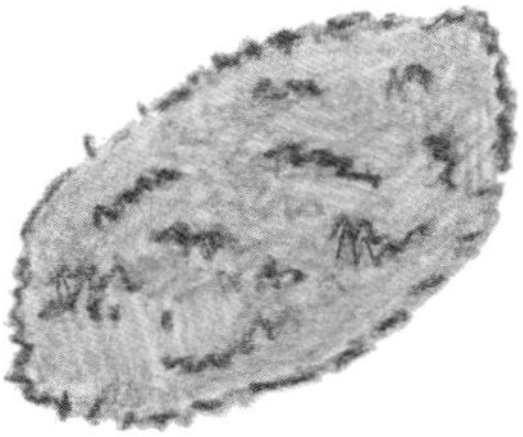

とんかつ

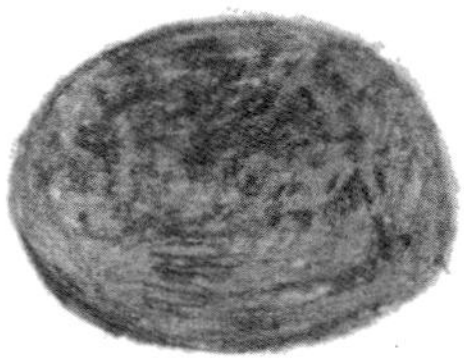

ハンバーグ

小倉あんペースト

今はまっているのがTORAYA CAFEの小倉あんペースト!!
トーストにバターを塗って、このペーストを載せると最高

グラタンパン

食パンの中をくり抜いて中にクリームシチューを入れ、チーズを載せて焼く（わが家のベストはエビグラタンパンです）

二度楽しむ

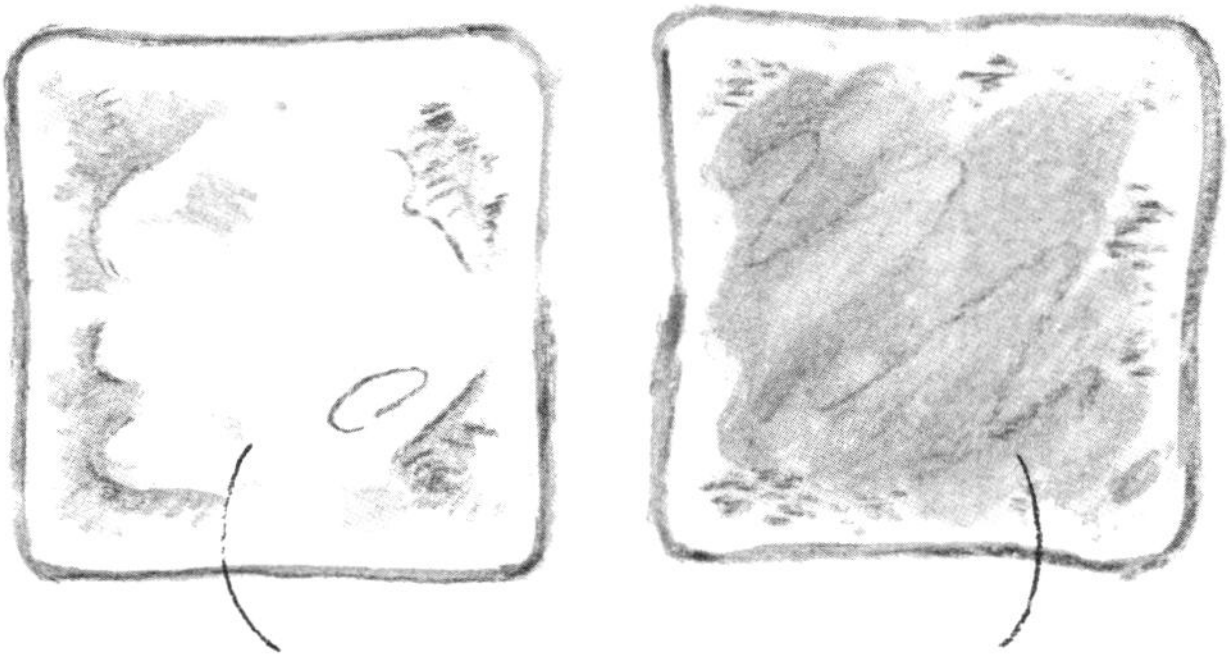

②その後はちみつやメープルシロップなどを塗って食べる

①シンプルに厚めに切ってトーストし、バターを塗って食べる

カレーポケット

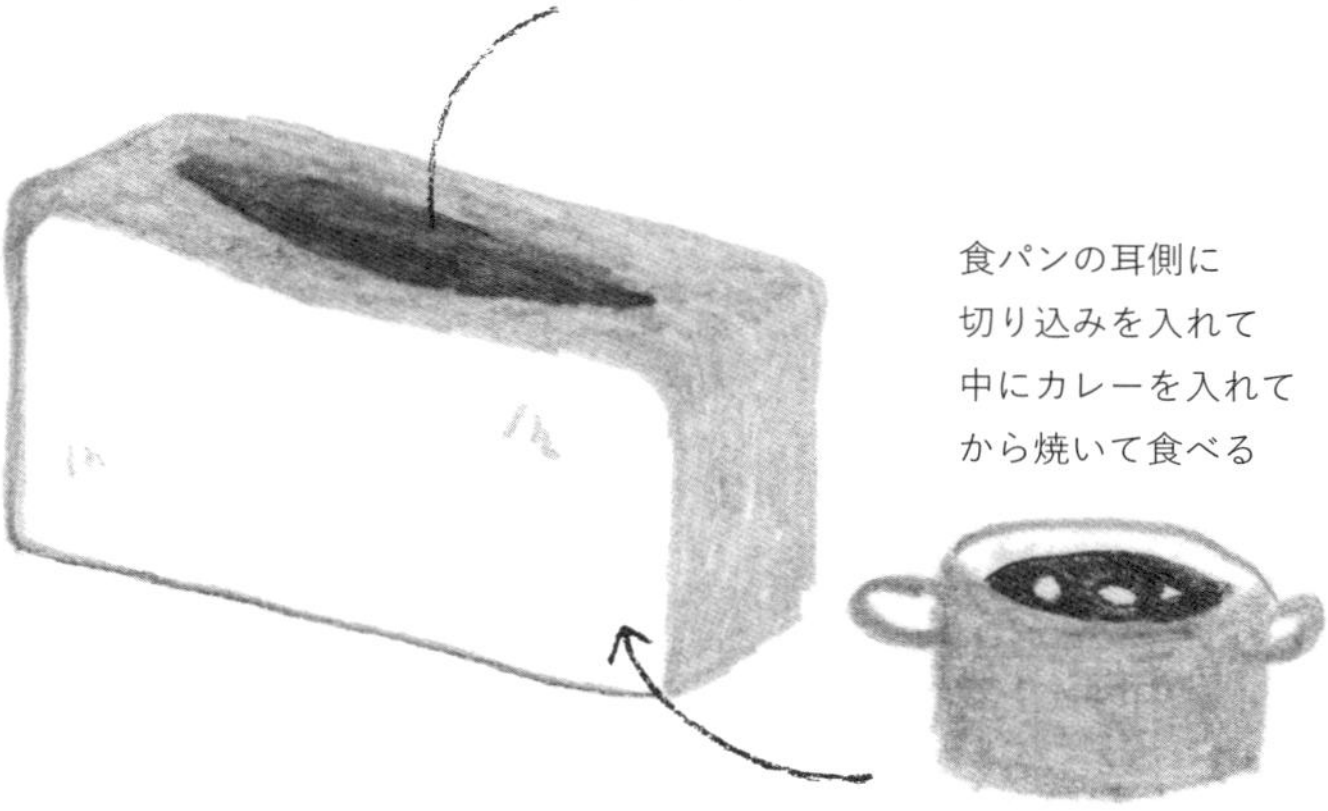
食パンの耳側に
切り込みを入れて
中にカレーを入れて
から焼いて食べる
カレー

3種の味を楽しむ

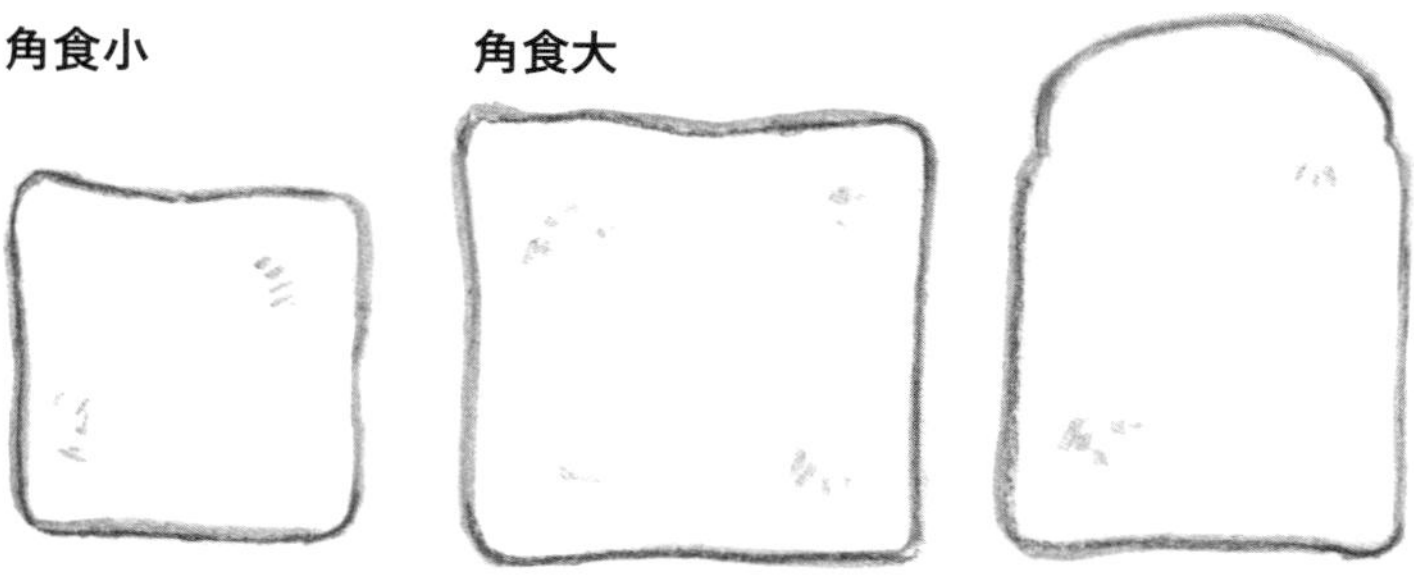
山型
角食小
角食大

食パンそれぞれ噛んだときの食感が違うので厚めに切ってトースト
してバターをたっぷり塗って3種類を楽しむ

スティックタイプ

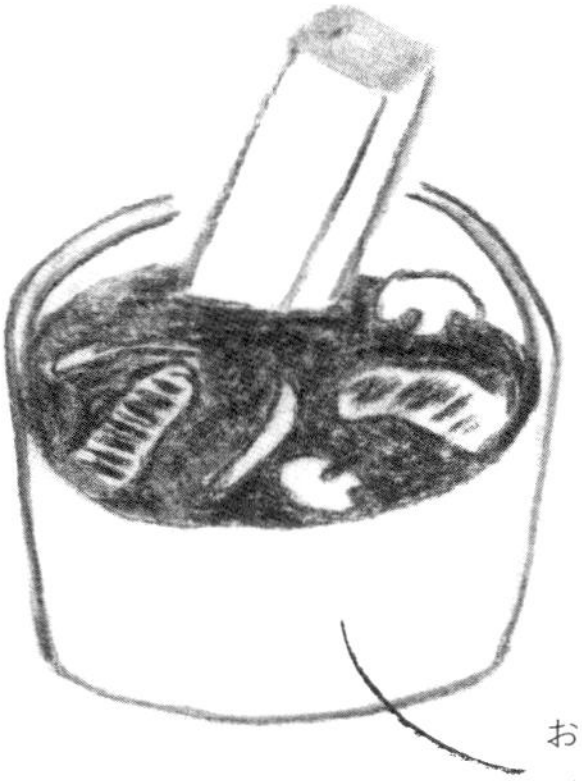

スティック状に切り分けて軽く
トーストしてスープやシチューに
浸して食べる

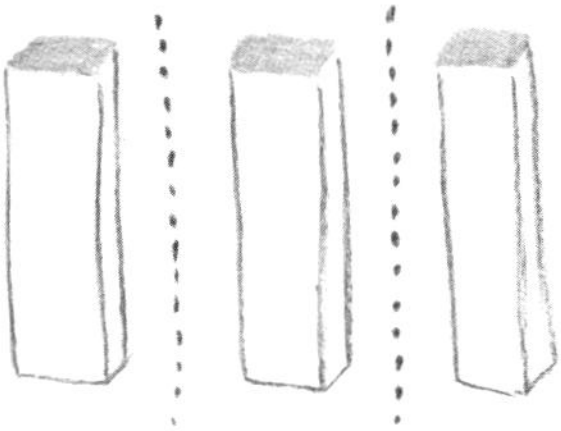

お気に入りは自家製
ビーフストロガノフ

サンドイッチ

一日おいたパンを薄くカットして
セルフサンドで楽しむ

マーガリンとマヨネーズを塗る

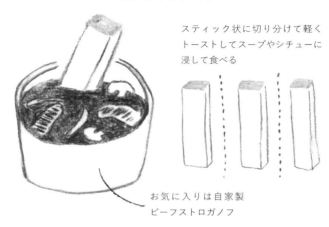

フレンチトースト

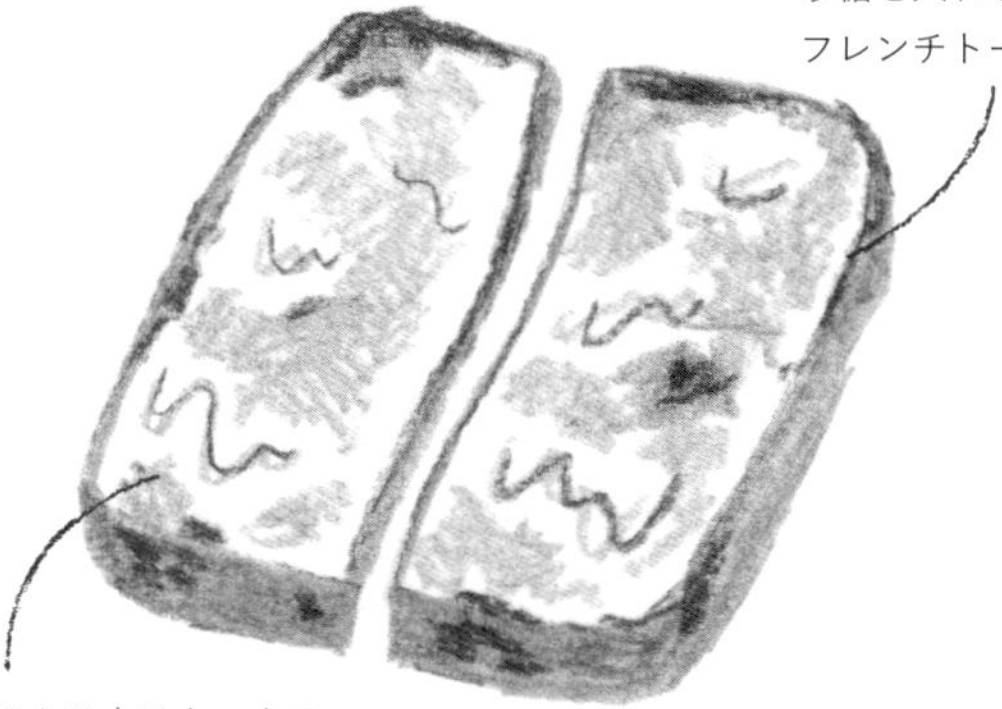
砂糖を入れない甘くない
フレンチトースト
外はカリカリ中はトロトロ
して美味しい

贅沢貧乏トースト

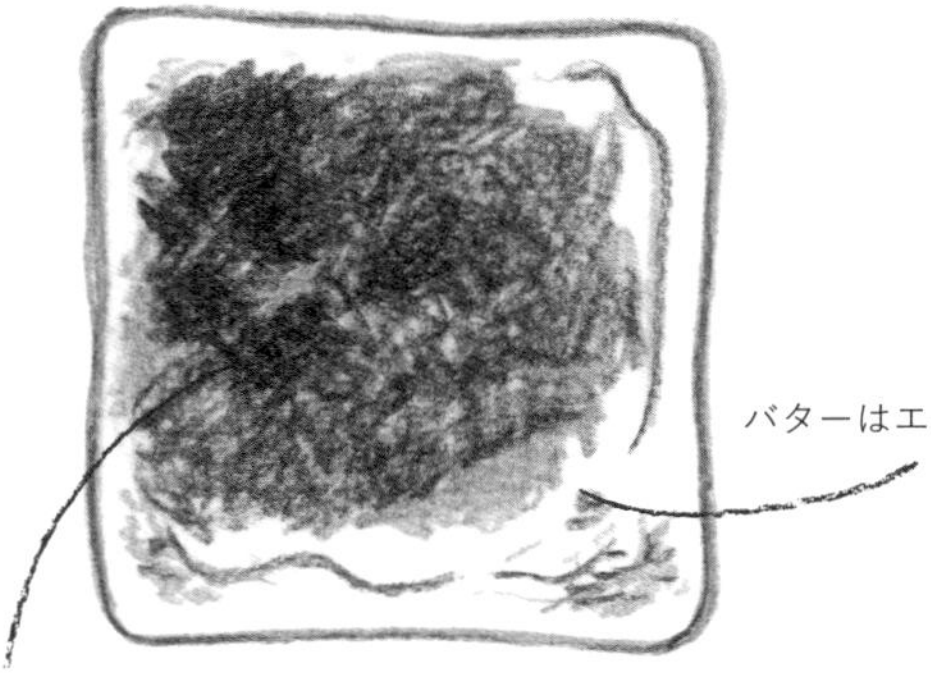
バターはエシレ
ジャムは安いものを
あえて使う

ピザパン

食パンが余りそうなときは焼く
前のピザパン状態にして
１枚ずつ冷凍しておいて、
食べるときに自然解凍してから
焼いて食べると手軽で保存も
できて美味しい

おつまみ耳

常連のお客さまに教えていただいて
試してみたら美味しかった

①サンドイッチ用に切り落とした耳を
　一日くらいおいて乾燥させる
②油でサッと揚げてハーブソルトを振
　りかける

おやつにもおつまみにもいい！

そのまま

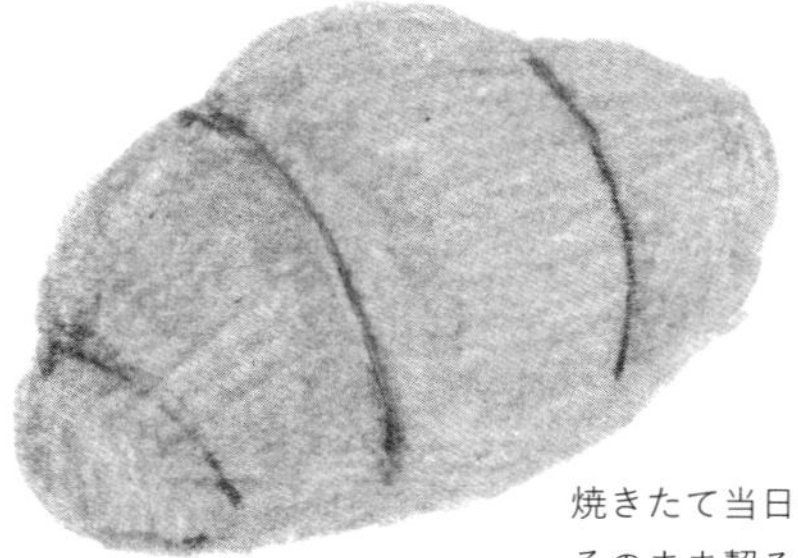

焼きたて当日を
そのまま齧るのが一番

赤福をはさむ

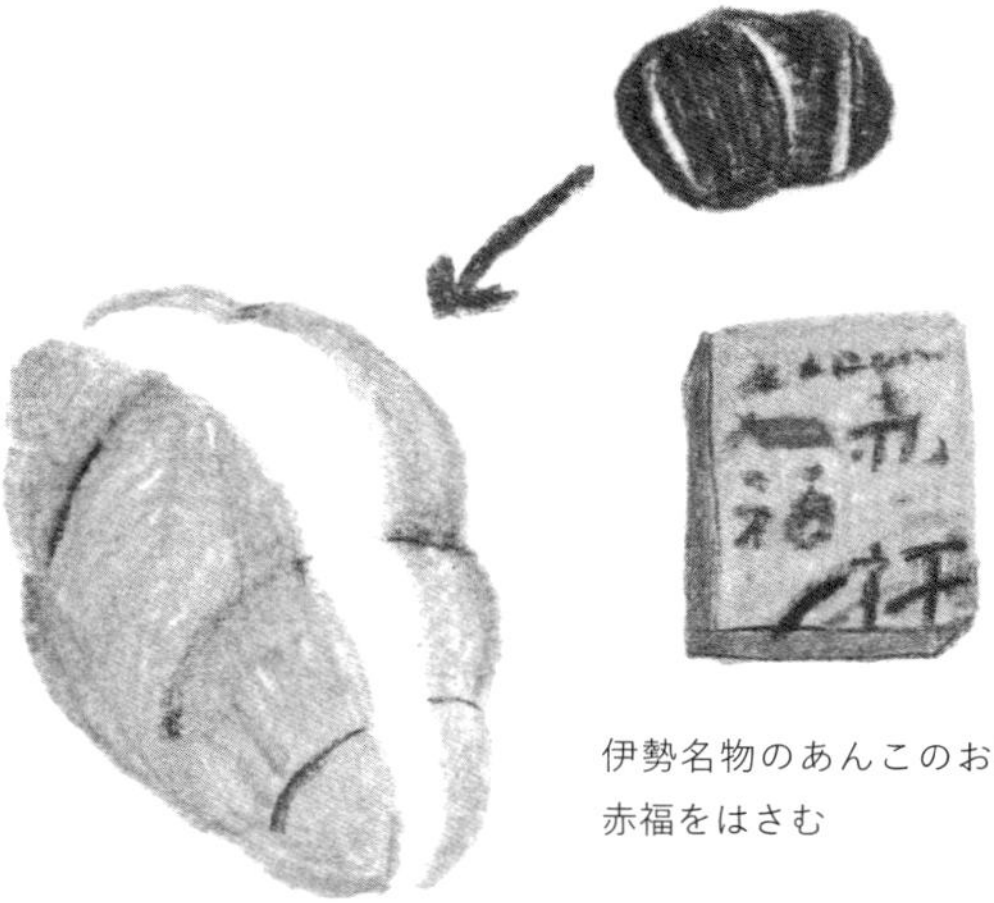

伊勢名物のあんこのお菓子、
赤福をはさむ

**オレンジチョコレートを
はさむ**

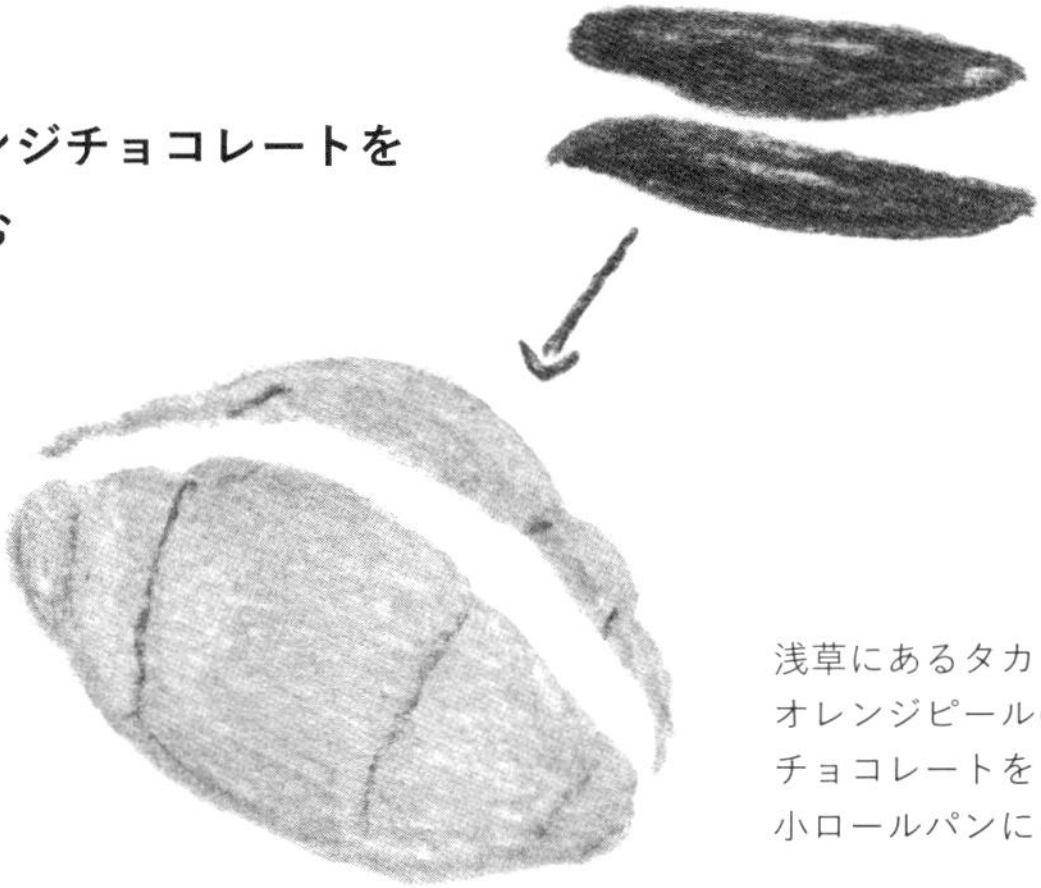

浅草にあるタカラヤの
オレンジピールの
チョコレートを
小ロールパンにはさむ

**砂糖不使用
ジャムを塗る**

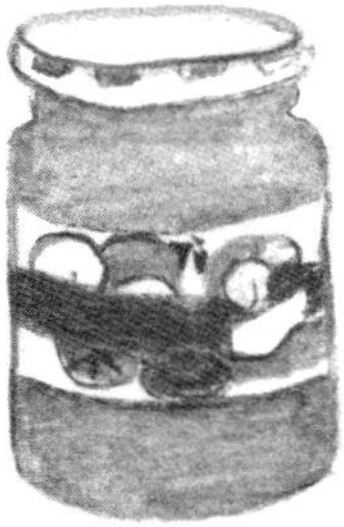

セブンアイプレミアムのブルーベリーと
クランベリーとカシスのフルーツスプレッド
は砂糖不使用の表示があるので
たっぷりつけて食べる

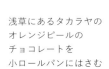

ウィンナーとケチャップ

親がレタスとウインナーと
ケチャップをはさんで
「うまい！うまい！」と
食べているのを見ました

しっかりトースト

2〜3日経ったロールパンは
横から2つに切り
しっかり焦げ目がつくまで
トーストしても美味しい。
カレーを乗せて食べても
美味しい

コロッケパン

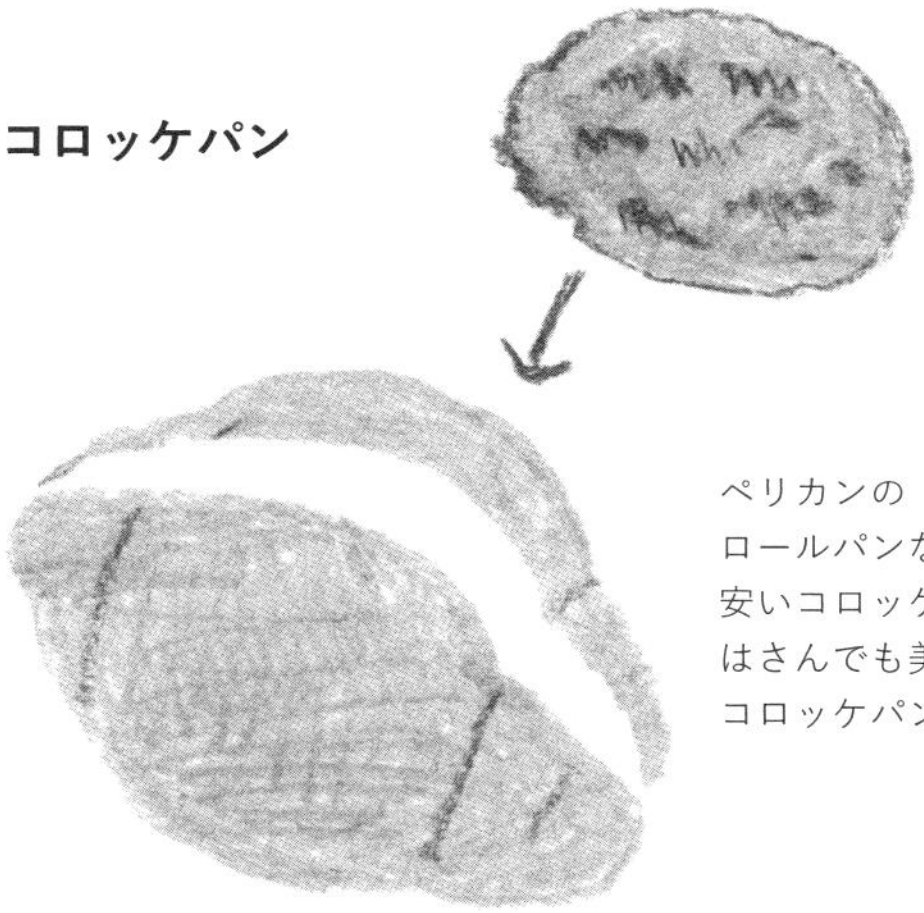

ペリカンの
ロールパンなら
安いコロッケを
はさんでも美味しい
コロッケパンになる

レンジでチン！

軽くレンジでチンしても
ふわっとして
実は美味しい

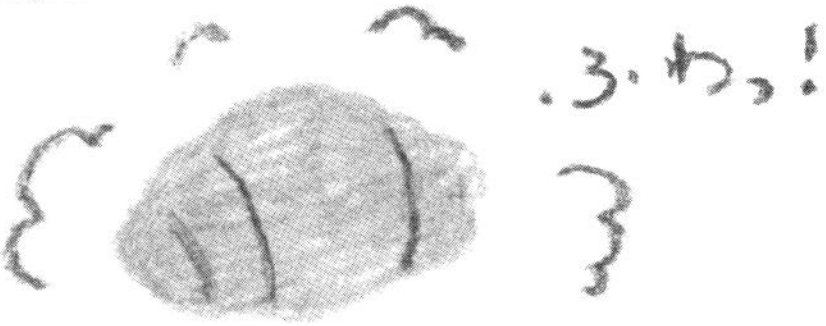

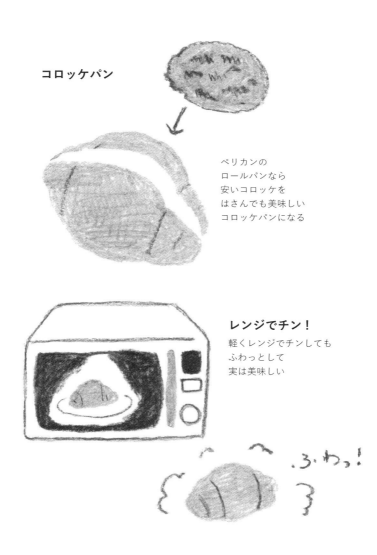

西暦	和暦	ペリカン史	社会・風俗史
1838	天保9	5月・チャーリー・ヘス（カール・ヤコブ・ヘス）がスイスのチューリッヒで誕生	
1869	明治2	○ヘスが神戸にやってくる。綿谷よしと結婚	
1870	明治3		2月・西園寺公望がパリに渡航。明治13年まで留学
1871	明治4		12月・岩倉具視が米国欧州巡覧に出発
1872	明治5	4月・築地精養軒が開業するが銀座の大火により全焼 6月・築地精養軒が営業再開	10月・新橋～横浜間に鉄道が開通 ○海軍がパン食をとりいれる
1873	明治6	○築地精養軒が采女町（銀座5丁目）に移転	2月・キリスト教禁止の高札を撤去
1874	明治7	○築地居留地にヘスがフランスパンや食パン、各種清涼飲料水（炭酸水）の製造販売の店「チャリ舎」を開業	○木村屋があんぱんを発明
1875	明治8		4月・木村屋が明治天皇にあんぱんを献上
1876	明治9		○上野精養軒が開業
1877	明治10		○イギリスへの留学生が増え始める ○陸軍が一部パン食をとりいれる ○木村屋のアンパンが銀座名物となる
1884	明治17	○築地精養軒がヘスを料理長として招聘。後の精養軒の4代目料理長・西尾益吉氏は、この頃ヘスに料理を学ぶ	○京城事変で東京パン組合が兵糧パンを焼く

1887	明治20	○チャリ舎の工場が築地に移転	
1888	明治21		4月・関口フランスパンが小石川関口教会付属の聖母仏語学校製パン部として創業。孤児院の子どもたちに文化的な職業を身に着けさせることを目指した
1889	明治22		5月・パリ万国博覧会開催
1890	明治23		11月・帝国ホテル開業
1896	明治29	○ヘスが築地精養軒の料理長の座を戸山慎一郎に引き継ぐ	
1897	明治30	11月・ヘス死去	
1905	明治38	**○初代の武雄さん誕生**	
1909	明治42	11月・築地精養軒の新館が完成 （ボヘミア出身の建築家レッツルを起用） ○チャリ舎が合名会社となる	
1914	大正3		8月・第一次世界大戦勃発
1915	大正4		○「銀ブラ」の語が使われはじめる
1919	大正8	8月・快生軒がミルクホールとして創業	4月・ヴェルサイユ条約締結
（大正末期）		**○初代・武雄さん、精養軒のベーカリーに就職**	
1923	大正12	9月・関東大震災で築地精養軒とチャリ舎が消失	

1926	昭和元	○中村屋が石橋元次郎（チャリ舎出身）を食パン部に招聘	
1927	昭和2	**○武雄さんら兄弟3人が木挽町（東銀座）に昭和軒（ミルクホール）を開業** ○ハトヤ（浅草）創業	12月・浅草―上野間の地下鉄開業 ○三越が新宿に進出
1930	昭和5	**○武雄さんの弟の学さんが銀座で渡辺珈琲商会を開業**	
1931	昭和6		9月・柳条湖事件発生
1932	昭和7	**○武雄さんが独立し、浅草の馬道に昭和軒（ミルクホール）を開業**	3月・満州国誕生 5月・青年将校らが犬養毅首相を射殺（五・一五事件）
1934	昭和9	**3月・2代目の多夫さん誕生**	
1935	昭和10	○珈生園（業平）創業	
1936	昭和11		2月・青年将校らが挙兵し永田町一帯を占拠（二・二六事件）
1937	昭和12	**○武雄さんが自動車隊として召集され満州で4年間を過ごす**	7月・浅草に国際劇場開場 ・盧溝橋事件発生 ・奢侈品製造販売制限規則「七・七禁止令」施行
1941	昭和16	**○武雄さん復員**	○小麦粉や米などの配給切符制度実施 12月・真珠湾攻撃
1942	昭和17	**○ペリカン創業。当時は渡辺パンという名前だった**	

1943	昭和18		8月・遊興街・業務用のガス使用禁止規制開始
1944	昭和19	**○武雄さん再び応召**	3月・東京都内の高級料理店 850店、待合芸妓屋 4300店、バー・カフェー・酒店 2000店閉鎖
1945	昭和20	**3月・東京大空襲で渡辺パンが消失**	8月・終戦
1946	昭和21	○フルーツパーラーゴトー創業 ○ホットドックのジロー創業	3月・チャリ舎が銀座食品組合に吸収される
1947	昭和22		6月・東京で喫茶店が復活。コーヒーが1杯5円
1949	昭和24	**○渡辺パンが三河屋パンとして営業を再開** ○アリゾナキッチン開業	8月・キティ台風
1950	昭和25	**○三河屋パンが自前のパンを焼き始める**	○米以外の主食（パンなど）の自由販売開始
1952	昭和27	**○三河屋パンが次第に3種類のパンに絞り卸し中心の店となる**	5月・食糧管理法改正で小麦粉が統制解除
1954	昭和29	**3月・名木広行さん誕生**	3月・風俗営業取締法改正
1955	昭和30		9月・食堂での米飯自由販売開始 ○前年の大豊作でヤミ米の価格が大幅に下がる

昭和30年代～		喫茶店全盛期	
1957	昭和32	**3月・多夫さん青山学院大学卒業** **10月・多夫さんと竹子さんが結婚** **○店を会社組織にして店名を「ペリカン」とした** **○ペリカンにガス釜が入る**	11月・NHKで「きょうの料理」が放送開始
1958	昭和33	6月・吉川英治が疎開から赤坂に戻る	○一般のパン屋にイーストが普及
1959	昭和34		12月・赤坂「ニューラテンクォーター」開店
1960	昭和35		8月・インスタントコーヒー発売
1961	昭和36	10月・赤坂「ミカド」開店	○フリーザー付き冷蔵庫発売
1962	昭和37	9月・吉川英治死去	
1963	昭和38		12月・力道山がニューラテンクォーターで刺される
1964	昭和39	8月・赤坂「ミカド」が閉店 ○珈琲アロマ創業	10月・東京オリンピック開催
1965	昭和40	11月・赤坂「ミカド」、小浪義明により再開	2月・米軍による北ベトナム爆撃開始
1966	昭和41	3月・閉店したゴールデン赤坂を「月世界」が買収	○ドンクが青山に出店
1970	昭和45		○青山アンデルセン開業
1971	昭和46	**○名木広行さんがペリカン入社**	5月・沖縄返還協定調印
1974	昭和49		9月・ディオンヌ・ワーウィックがゴールデン月世界で公演

1977	昭和52	○「とんかつのすぎ田」創業 ○向田邦子が「ミセス」の取材で快生軒に初めて訪れる	○小麦粉の全面的無漂白を実施
1980	昭和55	**○ペリカンが1980年代から宅配を始める**	8月・赤坂「ゴールデン月世界」がビル建設のため閉店
1981	昭和56	8月・向田邦子が飛行機事故により死去	○パン生産量120万トン突破
1987	昭和62	**○4代目の陸さん誕生** **○武雄さん死去**	○ニューヨーク株式市場株価大暴落
1988	昭和63		○ミカド閉店
1989	平成元		5月・ニューラテンクォーター閉店
1990	平成2		10月・台東区が人口減少の著しい若年層の定住を促進するために新婚家庭家賃補助制度を始める
1994	平成6	**4月・陸さん成蹊大学入学**	○バブル崩壊
2005	平成17	**8月・多夫さんが倒れる** **・陸さんがペリカンでアルバイトを始める**	
2006	平成18		○ライブドア事件
2008	平成20	**8月・多夫さんが死去。猛さんが3代目を継ぐ** **4月・陸さんがペリカンに入社**	○リーマンショック
2014	平成26	**○陸さんが4代目を継ぐ**	
2016	平成28	10月・アリゾナキッチン閉店	
2017	平成29	**10月・ペリカンのドキュメンタリー『74歳のペリカンはパンを売る』がユーロスペースで公開**	7月・青山アンデルセン閉店

参考文献

福富太郎『昭和キャバレー秘史』 文春文庫ＰＬＵＳ　２００４年
吉川英明『新装版 父 吉川英治』 講談社文庫　２０１２年
川崎晴朗『築地外国人居留地–明治時代の東京にあった「外国」』 雄松堂出版　２００３年
別冊専門料理『グランシェフ③』古川鮎子「フランスパン租チャリ舎の足跡をたどって」柴田書店　１９８６年
クロワッサン特別編集『向田邦子を旅する。』 マガジンハウス　２００６年

渡辺 陸（わたなべ りく）

1987年東京都生まれ。成蹊大学経済経営学部を卒業後、東京製菓学校パン専科で学ぶ。2014年に「パンのペリカン」4代目店主となる。共著『パンの人　仕事と人生』（フィルムアート社）。

撮影　新津保建秀（表1、p17−p30、p97−p110、p112）

イラスト　鈴木みの理（PiDEZA Inc.）

デザイン　平塚兼右／平塚恵美（PiDEZA Inc.）

本文組版　矢口なな／新井良子（PiDEZA Inc.）

パンのペリカンのはなし

著者　渡辺　陸

発行所　株式会社二見書房

東京都千代田区三崎町2-18-11

電話　03（3515）2311［営業］

03（3515）2313［編集］

振替　00170-4-2639

印刷　株式会社 堀内印刷所

製本　株式会社 村上製本所

落丁・乱丁本はお取り替えいたします。定価は、カバーに表示してあります。

ISBN978-4-576-17147-0

http://www.futami.co.jp/

二見書房の本

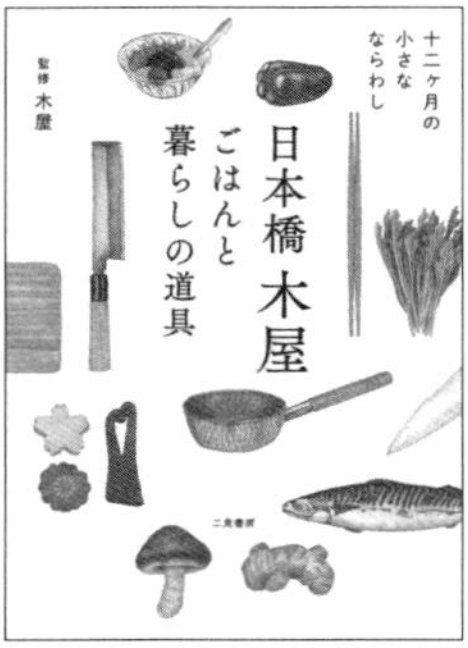

十二ヶ月の小さなならわし

日本橋木屋

ごはんと暮らしの道具

日本橋木屋＝監修

東京･日本橋で創業223年、
庖丁をはじめとする台所･生活の道具を扱う老舗「木屋」が、
すぐ真似できる生活の豆知恵を紹介します。

「冷凍ご飯を電子レンジより美味しく解凍できる道具」
「おろし金を買うなら銅製に限る」「急須を選ぶなら常滑産」
「ザルや鋏は幸せを呼ぶ道具」「お正月の箸の使い方」など、春夏秋冬十二ヶ月、
71個の道具の豆知識が詰まっています。

絶賛発売中！